阅 读 成 就 思 想……

Read to Achieve

心理成长系列

高情商

14堂快速提升情绪价值的进阶课

思维

DISCOVER YOUR
EMOTIONAL
INTELLIGENCE

Improve Your Personal and Professional Impact

［美］菲利普·霍尔德（Philip Holder）◎著　王琦◎译

中国人民大学出版社
· 北京 ·

图书在版编目（CIP）数据

高情商思维 : 14堂快速提升情绪价值的进阶课 /
（美）菲利普·霍尔德（Philip Holder）著 ; 王琦译
. -- 北京 : 中国人民大学出版社，2024.1
　ISBN 978-7-300-32273-5

　Ⅰ．①高… Ⅱ．①菲… ②王… Ⅲ．①情商－通俗读
物 Ⅳ．①B842.6-49

中国国家版本馆CIP数据核字(2023)第213747号

高情商思维：14堂快速提升情绪价值的进阶课

［美］菲利普·霍尔德（Philip Holder）　著

王　琦　译

GAOQINGSHANG SIWEI : 14 TANG KUAISU TISHENG QINGXU JIAZHI DE JINJIEKE

出版发行	中国人民大学出版社		
社　　址	北京中关村大街31号	**邮政编码**　100080	
电　　话	010-62511242（总编室）	010-62511770（质管部）	
	010-82501766（邮购部）	010-62514148（门市部）	
	010-62515195（发行公司）	010-62515275（盗版举报）	
网　　址	http://www.crup.com.cn		
经　　销	新华书店		
印　　刷	天津中印联印务有限公司		
开　　本	890 mm×1240 mm　1/32	**版　　次**	2024 年 1 月第 1 版
印　　张	8.25　插页1	**印　　次**	2024 年 1 月第 1 次印刷
字　　数	185 000	**定　　价**	69.00 元

无论是在商业领域还是在生活中，情商对人们来说都是重要的基本技能。我和菲利普共事多年，他把他最好的教学成果带到了这本书中。这本书一部分是方法论，一部分是实践手册，但菲利普都写得通俗易懂，有趣而深刻。每位想在工作和生活中做得更好的人都应该读一读这本书。

威廉·麦克弗森（William Macpherson），学习曲线组织主席

我确实发现了我的情商，这是一个很棒的发现，给了我很大的启示！2007 年，我与菲利普的会面改变了我的生活。我在阿迪达斯任总裁期间聘请他担任我的教练是我做过的最好的事情，这使我们的企业获得了 2012 年伦敦奥运会顶级合作赞助商的资格。

菲利普是一个现象级的人物！菲利普的书就像一位私人导师，强化了我对他的了解——他的智慧、经验、专注、谦逊、快乐、有趣和带

来欢笑的能力，这些品质渗透在本书的每一页中。他的书易于理解，在现实生活中能实际应用，而且令人舍不得放下。我很享受整个学习的过程。

亚斯明·德万（Yasmin Dewan），成功励志人士

我 15 年前就认识菲利普了，他有能力"看清"真正的形势，知道如何应对，这给我留下了深刻的印象。我认识的很多人都觉得菲利普是他们认识的拥有最强直觉的人。这本书告诉我们他是如何做到这一点的。它为我们所有人提供了经验教训和实用技巧，让我们可以探索和享受最终会促进我们成长的东西。

塔里克·艾哈迈德（Tariq Ahmed），阿喀琉斯治疗公司副总裁

《高情商思维》这本书的见解深刻，鼓舞人心。书中给出了一系列想法和概念，为我们理解和驾驭心理地图和心理情感蓝图提供了基础和公式。

凯瑟琳·罗宾逊（Catherine Robinson），转型教练

菲利普的书就像一面镜子，让你能看到"内在的你"。我保证，你会发现你对自己有了新的了解，这会让你变得更好。

罗杰·格林韦（Roger Greenway），销售总监

我认识菲利普很多年了，他既是我的朋友，也是我多次拜访过、指导我应对商业挑战的教练。多年来，我见证了菲利普对更好地理解情

商的追求和热情，以及他如何利用自己不断提升的专业技能帮助商业人士和在生活中遇到挑战的人。

这本书写得很细致，菲利普将情商分解成了有意义的几个部分，以便我们更好地解释什么是情商、了解自己的情商水平，以及采取行动改进不足之处，并获得更有效的结果。

菲利普的情商自我评估工具为我们了解自己的情商提供了一种直接、彻底的方法，它不仅能识别出不同人之间的情商差距，还可以通过一些活动来提升情商水平。

这不是一本你读完后就会放在书架上积灰的书；这是一本你可以放在案头的书，当你需要利用情商来提高绩效、获得更好的结果、变成更好的你时，你可以拿来参考。我强烈推荐这本书！

维基·谢泼德（Vicki Shepherd），美国中央政府商业负责人

推荐序

早在 2016 年，世界经济论坛基于商业评论人士和学者对情商的兴趣日益浓厚，就预测出情商将成为未来职场所需的十大技能之一。

此后，越来越多的研究为情商的价值提供了有力的证据，现在几乎没有人会否认世界经济论坛的预测的准确性。

自第二次世界大战以来，世界比以往任何时候都充满了不确定性，所以表达和管理情绪以及理解他人情绪并做出恰当反应的能力便成了个人成功的基石。

几乎可以确定，我们人类是地球上情感调节能力最强的生物，我们可以通过一个内在的情绪调节过程来改变情绪的反应和体验。有时，这些技能需要刻意努力才能掌握；有时，它们似乎又是天生的。

重要的是，我们要知道大脑对这种情绪调节能力贡献颇多。情绪会强烈影响身体的反应，大脑会根据情绪是积极的还是消极的来改变身体的化学反应。因此，我们可以利用大脑自身的生理能力，来提高情商。

仅从商业角度看，管理情绪可能看起来微不足道，是一种与现实脱节的、"过于敏感"的软技能。然而，企业是建立在人的基础之上的，当人们能有效地沟通、积极地交流、成功地应对变化并乐于合作时，企业就更有可能取得成功。

构建情商的基础是情绪觉察，即对自己的感受保持敏锐的意识，科学家称之为"元情绪"。具体来说，元情绪指一个人对自己持续的情绪状态（如悲伤、愤怒、高兴或尴尬）进行反思、内省的心理体验。

对那些不喜欢学术论著的人来说，阅读菲利普·霍尔德的书是让他们了解情商理论及其重要性的好机会。

我们所处的世界正处于前所未有的动荡和变化中，人们对情商的需求也史无前例。市场上有很多情商模型，每种都有自己的一组特征。因此，选择哪一种可能会让那些刚刚接触这门学科的人感到困惑。

幸运的是，菲利普·霍尔德的书为我们提供了一个免费使用个人情商评估工具（Personal Emotional Intelligence Profile，PEIP）进行测评的机会。这个评估至关重要，因为了解自己的情商特征是重要的第一步，可以提高我们对情商的意识并识别出自己可以进一步改善的部分。

告诉你一个好消息，情商与智商不同，具有高度的可塑性。当我们反复且正确地应用新的情商行为来"训练"我们的大脑时，大脑就建立起了将这些行为转化为习惯的必要途径。当大脑强化使用新行为时，那些旧有的、产生适得其反行为的情绪就会减少。最终，大脑将开始用更高的情商对周围环境做出反应，我们甚至都不需要再想该如何做。

情商是一种超越行业、职业、文化和环境的技能，因为我们时时都在运用情商。开发情商是一段持续的旅程—— 一段属于每个人的独特旅程，而这本书将帮助你规划出一条合适的路径，使它成为一段值得探索的旅程。

科林·T. 华莱士（Colin T. Wallace）博士
美国特拉华州应用神经科学中心

作者序

在过去 25 年里，我一直在帮助世界各地的人们理解和培养自己的情商，以此激励、支持他们对自己和他人的生活产生更大的影响力。

这本书的内容与行为科学和神经－情商（neuro-emotional intelligence）领域多年的实证研究结果是相一致的。我将神经学、社会学与商业、组织学习、高管培训、训练、神经语言程序学（NLP）等元素结合在一起，甚至还借鉴了需要敛心静默的合气道和太极练功体会。

我的许多知识和技巧都源于与众人一起工作的经验，他们中既有社会各界和商业领域的专家、资深人士，也有更广泛的专业领域的教授、专业人士和教师。

许多有影响力的人帮助我培养了我的情商，恕我不能在这里一一做出说明。我深深感激在这些年里所有教导和支持我的人们。

2006 年，我对全球 700 多名领导者进行了研究，并开发了一种情商评估工具 PEIP 来帮助人们确认情商，尤其是确认卓越领导者身上那些关键的情商元素。

几家跨国企业先后采用了这一新的工具，用于识别并进一步培养潜在领导者的工具。我的写作就是基于这样的初衷。

然而，我在这本书中加入的 PEIP 不仅涉及领导力和管理能力，还构建了一个更广泛的运用范围，无论你在日常生活中承担什么角色，都会与之相关。

我有幸通过 1500 多个专题工作坊把这些概念在全球广泛传播，也亲身测试并验证了本书详述的每个概念。这些工作坊覆盖逾 30 000 人，并对他们产生了直接的影响。

参加工作坊之后，有人说他们更了解自己了。人们觉察到，使用经过优化的沟通方式可以大大减少自身行动产生的不确定性，同时也使他们能够向他人传递清晰而简洁的信息。

本书也许无法即刻改变你的生活，但我坚信与所有事物的发展进程一样，情商也需要你亲身实践并持续精进。

目录

第一部分　情商是什么

第二部分　你的情商进阶课

情商是什么

Discover Your Emotional Intelligence

Improve your personal and
professional impact

情商即情感思维的过程，它支配着我们的行为，而行为又塑造了我们的人格。可以说，正是情商让我们成为独特的个体。

情商帮助我们了解了自己在意什么，使我们可以将意图转化为积极的行动。情商还描述了我们如何掌控那些难以驾驭的、冲动的或消极的感觉，这些感觉会使我们无法应对生活中的种种挑战。我们识别、理解、改进和管理情绪的能力，使我们能够调整自我，应对更多的生活情境，并调整相应行为以适应每一个新情境。

除此之外，情商的提升还能让我们减少内外冲突。当我们因压力和焦虑不能正常生活或工作时，情商也会帮助我们消除这些情绪的困扰，使我们拥有一个更加愉悦和更可能成功的人生。

"情商"一词最早出现在美国哥伦比亚大学乔尔·达维茨（Joel Davitz）和迈克尔·贝尔多奇（Michael Beldoch）两位教授于 1964 年撰写的论文《情感意义的沟通》（*The Communication of Emotional Meaning*）中。这篇论文显然启发贝尔多奇教授进一步形成了《在三种交流模式中对情感表达的敏感性》（*Sensitivity to Emotional Expression in Three Models of Communication*）的大纲，他于 1964 年发表了相应的论文。这两篇论文都是对不同情况下的交流和行为心理学的早期探索，无疑为进一步研究情商奠定了初步基础。直到 1995 年，科学记者兼作家丹尼尔·戈尔曼（Daniel Goleman）出版了他的书《情商：为什么情商比智商更重要》（*Emotional Intelligence: Why It can Matter More than IQ*），这个术语才真正进入现代语言，继而踏入当代商界。

作为人类，我们的情商在过去 20 万年里一直在进化，但把它列为一门科学还是最近的事。随着我们越来越多地发现是什么使我们成了独一无二的人时，情商的定义也在持续不断地发生变化。

如何使用本书

我有意将这本书的内容写得既丰富，又有实操性，因此我运用了体验式的方法。也就是说，当我们谈到某个话题时，你既需要阅读和思考，也需要做很多"请你做"的练习。如果你想从本书中获得最大的收益，那每一章节你都需要花点时间阅读。尽量不要一口气读完所有的内容，避免略过书里的练习活动。

在用词方面，我还会特意选择或避免使用某些词语，我相信你阅读时定能有所体会。我使用了正向的语言结构和特定的情商短语，这么做是基于我的过往经验。我知道这些语言很有力量，会激发我们内在更丰富的新情绪、新感受。

在阅读本书或读完本书之后，你很可能会在生活中的某些时刻有"醍醐灌顶"之感。当出现这样的感受时，请你记下来，这会帮助你反思和思考你正在进行的这段奇妙之旅。

本书第一部分是对情商的概述，以及对个人情商评估工具 PEIP 的介绍。

与其他的情商测试不同，PEIP 不只是测试传统情商理论中涵盖的 5 个维度，它扩展到了 14 个维度，涵盖了 42 个元素，每一个元素都用 6 个情绪维度层级来衡量。

在本书第二部分中，我针对 PEIP 里涵盖的 14 个维度，一一给予了具体的改进建议，以帮助你在各个方面取得进步。

为了最大化你能从本书中得到的益处，我在每一章中都加入了大量练习，有的是建议你尝试新技巧，有的是建议你采用不同的做法，有的甚至是针对每个话题采用一些不同的思考方式。每个章节都设置了很多实用与接地气的例子，可以帮助你理解我们谈到的技巧。

无论你现在处于什么水平，我相信你都能学到一些新东西。因此，我真心鼓励你坚持读下去，哪怕一开始你不感兴趣，或者觉得某些方面你已经很擅长了。

我相信，如果你做了这些练习，那么你的情商一定会得到提高。你将会变得更自信，更富有魅力，生活压力也会随之减少，而且还将获得很多的乐趣。毫无疑问，无论是在家庭生活还是在工作中，你的个人形象都会得到提升。

愿你尽享阅读本书的快乐！

第 1 章

理解 "商"

Discover Your Emotional
Intelligence

Improve your personal and professional impact

智商与情商的区别

情商与我们大脑中负责情感连接的部分相关，它可以让我们的思考产生意义，并帮助我们获得知识；情商还是一种我们识别和理解自己和他人情绪的能力。

情商与情商的功能常常被混为一谈。顾名思义，因为情商与情绪的"商数"有关，它就是一种测试，理想的情况下应该可以测出某个值来。情商应该只是与测试值有关，而不能绝对代表某个人的情商水平，因为这很容易误导人。

丹尼尔·戈尔曼首次在他的著作中提出了"情商"一词，它主要是指围绕 5 个维度，即自我觉知、自我调节、自我激励、同理心及社交技巧的态度。

然而，随着有关情商的科学研究不断进步和成熟，我在慎思之下，拓展了这 5 个维度的范围，使其涵盖了更多情绪的动态元素，即自我掌控、性情倾向、自我管理、影响力、与利益相关者关系、培养他人、共情能力、声誉、沟通、团队动力、领导力、变革促进能力、协作及创新能力。这 14 个方面都将在本书中一一提及。

智商是认知层面的逻辑能力及做决定的过程，运用这些能力，我们可以了解和掌握某些知识。智商与我们的大脑皮层相关。

智商（IQ）是智力商数（Intelligence Quotient）的缩写，由德国心理学家威廉·斯特恩（William Stern）于 1912 年在他的《智力测试的心理方法》（*A Psychological Method of Testing Intelligence*）一书中首次使用。该书描述了一种名为"智商"的智力测试的评分方法。具体来说，就是要通过推理和解决问题的测试先获得智龄（心理年龄），再用智龄除以实际年龄，所得的分数或商再乘以100，就是智商的值。

在这个世界上，我们既需要智力推理能力，也需要情感智力。对一些人来说，我们可能更倾向于依赖其中一个。

我们可能会认识一些知识渊博的人，他们偏好用事实和数据说话，但这也让他们与他人产生了距离感。这种类型的内向通常会使他们难以有效地与他人交流想法，或者帮助他们与其他人建立稳固的情感关系。

同样，我们也会认识另外一些可能不喜欢解决复杂问题的人。然而，他们会不遗余力地与我们互动，提供无穷无尽的帮助来鼓励、支持，甚至促使我们进步，可能有时他们的太过外向会让我们感到窒息。

这两类人看起来完全不同，但他们的脑海中正在发生的神经过程是相似的。要想理解这一切，我们首先要简要了解一下我们的大脑，并理解我们的大脑在不同的情况和环境下是如何运作的。

请放心，你不用成为神经科学家也能理解其中的任何内容。我特意尽量少用科学术语，并辅以大量的例子来说明我们大脑的某些部分是如何与智力和情商直接相关的。

情商与大脑

人脑是我们整个神经系统的控制中心。它不断接收来自身体主要感官输入的信息，例如视觉、听觉、触觉、嗅觉和味觉等器官发送的信息。这些输入的信息通过新皮质转化为信号或想法。

虽然让我们的身体持续运作的许多过程本身并不是"想法"，但它们却是通过我们的中枢神经和边缘（情绪）系统传递的电和化学脉冲的组合，为我们全身的各种肌肉群提供刺激。

从进化的角度来看，解剖学意义上的大脑（亦称端脑）是我们大脑中最新长出的额叶部分，也恰好是我们现代人大脑中最重要的部分，因为感知、想象、思考、判断和决定都是在这里发生的。

有一条被称为胼胝体的神经纤维带连接大脑的左右两部分，它的主要作用是使我们大脑的左右两部分能够相互交流。有趣的是，我们的右侧大脑操控着我们的左侧身体；反之亦然。

中央沟进一步划分了大脑皮层，将其分为前部和后部。利用这个划分，我们能很方便地描述大脑的四个独立的区域或皮层。

基于伊恩·麦吉尔克里斯特（Iain McGilchrist）博士[1]的研究，我以图 1–1 概述了我们所了解的每个皮层的功能。

图 1–1a 显示右前皮层处理抽象模式。它负责生成和处理复杂空间信息的内部图像，以识别趋势并产生不断变化的需求。正是这个区域支配着想象力。

图 1–1b 显示右后皮层处理与关系有关的谐波信息，即区分某人声音的音调或音高、身体姿势和各种面部表情，以辨别和谐与不和谐的关系。

---

[1] 美国皇家精神病学家学院研究员、巴尔的摩约翰·霍普金斯医院前神经影像学研究员。——译者注

图 1-1c 显示左前皮层精确地审查结构，识别弱点或故障；它评估和解决问题，以确定故障是否可以修复。

图 1-1d 显示左后皮层按顺序处理信息，它学习并执行程序或日常惯例以获得结果，通常涉及事实、统计数据或物体，而不涉及人。

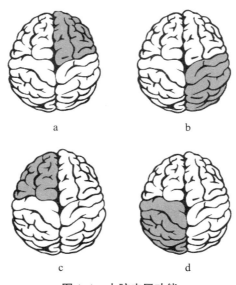

图 1-1 大脑皮层功能

当我们这么去看左右两侧皮层时，会更清楚地理解为什么我们可能会觉得一个人更偏右脑（创造性或有同情心）或更偏左脑（分析或处理）。

这些大脑图像还能帮助我们辨别其中一些组合功能是如何塑造我们的偏好的，并且能告知在某些情况下我们可能会如何反应。

例如，如果我们富有想象力，喜欢解决问题，虽然我们可能不喜欢秩序和结构，或许也不太担心关系，但是我们很可能会倾向于使用两个前额叶皮层。

如果我们更喜欢人而不是问题，使用创造力而不是统计数据（即偏向情感和想象力，而不是理性和分析性思维），那么我们可能会更多地使用右侧的两个皮层。

如果我们完全没有任何创造力，不太在意他人，并且喜欢使用一致且有条理的方法来获得结果，那么我们更可能具有分析偏好并使用左前皮层。

请记住，我们当然会继续使用大脑的所有其他部分。以上内容更多的是确定我们独特的偏好组合，以便解释我们在工作、休息和娱乐期间的行为方式。

有趣的是，在别人与我们交流时，观察他更常使用哪只手可以帮助我们确定此人更喜欢用右脑还是左脑。

例如，我们可能会注意到，一个更喜欢分析的人会倾向于使用他们的右手（本身是右利手）。尤其当他解释某事时，我们会看到他可能会更专注、更简洁或更明确地指向特定主题或观点。

他们很可能在说话时用食指指着某个方向，或者在详细说明某一个细节时上下平移手掌。此外，他们的说话模式也倾向与手势相呼应，听起来更简短、更专注。

然而，当我们与一个更多使用创造力的人交流时，他会更喜欢使用左手（本身是右利手），他的手势会更柔和、放松、开放，并且更加流畅。

他们的讲话模式也会反映这一点：倾向于使用更开放、更偏描述性的词语，这有助于他们润色和塑造对话。

那么，也许你要问了，这与提高情商有什么关系呢？

简单来说就是，我们越能觉察和了解他人的偏好，就越能调整自己的偏好以适应他们。

确保我们的交流与他人的思维方式趋同，而不固着于自己的思维方式，这样可以更快地让他人理解我们的信息，并让我们作为独特的个体与他们建立重要的情感联系。

怎么做好呢？答案就是，调整我们的沟通方式并注意我们的偏好、说话的模式、使用的词汇类型以及我们说话时更常使用的手。

一开始，如果你刻意少用自己的常用手，并用另一只手替代，那你自己会感觉很别扭。但接下来，你会发现，随着用手的变化，你自己的整个交流风格改变了。当然，效果还取决于具体情景，但通常情况下会变得更好。

比如，当我在辅导一些人，帮助他们改善演讲技巧时，会建议他们"换手"。这样做实际上是要他们的另一只手和大脑的另一半（通常是更有创意和以关系主导的部分）在交流中发挥更积极的作用。

你或许想试试这个技巧，那就在下次和别人谈话时，把笔换到不常握笔的那只手上即可。我就经常在当众演讲时这么做，以确保在那个特定时间段里，我大脑中开放的、以关系为导向的、更吸引人的那一面被更多地展示出来，它往往会彻底改变交流质量，使交流变得更好。

这也很可能是电视上很多天气预报主持人总是站在屏幕左边（观众视角）的原因。因为这样站时，主持人可以用左手（而非右手）指向天气预报板，这样听众会产生互动感，而不会觉得他们在平铺直叙地说话。

这或许也是为什么政客们都要接受训练，以确保他们的手可以做出更开放的手势，而不是用手指直接指向观众。顺便说一句，当观众看到政客接受现场采访的视频时，调整过的姿态可能也会消除观众对他们的一些负面看法，比如认为他们是在"说教"或"告诉民众"。

在我们纠结左利手和右利手手势的区别之前，我们必须注意到对于一些完全左利手的人来说，这一规律可能是相反的，即他们大脑的另一侧会受到影响。也就是说，对于左利手的人而言，创造力和人际关系的功能由他们的左脑承担，分析和处理的功能由右脑承担。

我相信你懂我在说什么了，现在可以停下来想想你的偏好，以及它对你的思考方式和你与他人的互动有什么潜在影响。

练习

想想你最常使用大脑的哪部分，以及它在你生活的各个不同方面是如何帮助或限制你的。

以下的问题可能有助于你开始思考。

- 你在工作或生活中的创造力如何？这一偏好在你解决问题时是帮助了你还是阻碍了你？

- 当你认识新朋友时，你内心的舒适程度如何？它对你的工作或生活有什么影响？

- 你倾向于更多地回到事实和信息层面去看问题吗？这对其他人有什么影响？
- 解决复杂问题或事务时，你内心的自在程度如何？这一偏好是如何影响你和他人打交道的？

希望你现在能够理解这些完全取决于我们自己的个人偏好，它们影响着我们每天的决定，除非你患有严重的神经系统疾病。不过我觉得这不可能，鉴于你能阅读这本书，我想你应该和我们大家有一样的心理能力。

情绪或智力不是完全遗传的，它们都必须通过学习和实践才能得到开发。这一基本原理的意思是，在任何特定的时间点，我们所做的选择都将决定我们的情绪和智力水平。

接下来，我会概述一些大脑的功能，它们都会直接影响我们的选择，尤其是在情商方面。

情商的核心

在图1-2中，我们用灰色标出了大脑皮层下方的四个不同的区域。

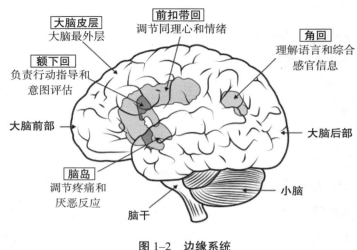

图 1–2　边缘系统

这些区域位于大脑的边缘（情绪）系统内，在我们大脑的中心部位，参与解释、产生行为反应和/或情绪反应。

在我们的情商中，每个区域都扮演着重要的角色。通过正确地选择我们的偏好，我们可以在任意时间点提高或降低我们的情绪觉知水平。

脑岛在过滤痛苦和厌恶这两种相似情绪时起着重要的作用。有趣的是，许多不同类型的人发现很难在这两种情绪之间找到平衡，这通常会导致他们情绪爆发，甚至会对别人可能认为仅仅是冒犯、让人不舒服或不恰当的事情做出行为反应。

有效控制由脑岛产生的情绪会直接影响我们对他人的反应。例如，我们与其选择对某人的行为感到厌恶或感受到了威胁，不如选择对其感到好奇，并更有建设性地与他接触，以了解他最初的动机和目的。

额下回负责指导我们的行动和评估他人的意图。对一些人来说，他们的边缘系统这部分可能过于活跃，导致他们需要更多的个人空间。比如，当我们向某些人靠近时，他们的身体会本能地后退。

调整我们情绪大脑的这一部分，可以使我们不会因为做出本能反应而破坏与他人的有效沟通，也可以使我们能够选择更有效地回应他人，充分了解他人的意图。

前扣带回负责调节同理心和其他情绪，是影响我们控制和监测内在感受能力最重要的区域之一。无论何时，在好情绪和破坏性情绪之间做出何种选择，将决定我们的情商高低。

如果大脑的这部分调节不好，可能会给我们带来不安全感、消极感或自我怀疑，也会使我们无论是在行为层面，还是在内心更深处，都无法真正共情他人；反之，大脑的这部分调节良好将增强我们的自我价值感，提高我们的积极性，增强我们的相互信任或尊重，并提升我们对他人的共情能力。

角回位于大脑的后部。它在帮助我们理解听觉语言、单词、单词的含义，以及我们听到的语言的语音、语调之间的细微差别方面起着至关重要的作用。它还充当着大脑接收到的许多其他感官刺激的翻译官，构成了我们整个学习和交流能力的组成部分。

选择对我们更积极的内部语言和外部语言，会使他人也更受益，这将极大地改善我们与自己的关系，从而增强我们与他人建立关系的能力。

练习

以上述内容为基础，请回答下面的问题。我邀请你想象某个人，他的一个或多个大脑的情感区域可能暂时或长期阻滞。

1. 你认为这样的人的交流风格会有什么不同？

2. 与我们相比，他们的行为会有什么不同？

3. 你认为他在维系和发展关系时，会有怎样的困难？

答案或许能充分展示出无数人共有的隐于人类基因或发展中的紊乱，它的典型特征是我们在社交互动的某些方面存在困难，以及我们的思考、交流或行为会受限，甚至反复出现某种模式。

毕竟我们都是人类，整个人类的能力还在发展阶段。有的人相比其他人，某些基因会起主导作用，而我们如何运用自己的一些或全部基因，就构成了我们的偏好。

想想 1988 年达斯汀·霍夫曼（Dustin Hoffman）在获得奥斯卡四个奖项的电影《雨人》中扮演的角色吧。这部电影的主角是一个孤独症学者的形象，他是阿斯伯格症候群患者（选择性高功能个体），拥有非凡的全面回忆和分析处理能力，却发现自己与弟弟及其他人进行日常情感互动极其困难。

在 1994 年荣获多个奖项的另一部美国史诗级电影《阿甘正传》里，汤姆·汉克斯（Tom Hanks）扮演了一位智力（智商）低下的、来自亚拉巴马州的男人，他通过自己满怀善意的互动（情商），在不知不觉中对几起塑造了美国 20 世纪历史的重大事件产生了影响。

对人类来说，无论我们是否还会有更高水平的智力，我都觉得在智商水平和不断演进的动态情商之间，有一种恒定的平衡。

我们中的一些人通过选择并适应新的行为模式、接受新的日常惯例，或者使用一系列不同的技巧来克服大脑基因上的缺陷，但终究没人能把自己打造成百分百的完人。

好消息是如果运用正确的技巧和知识，我们还是能极大程度地改善情商，从而让我们更有影响力。

综上所述，情商与我们有多少知识、理解了多少、我们认为自己知道了多少无关，与我们能多快地解决问题、多快地甄别一系列复杂的解决方案，甚至发展出一整套理论假设也没有关系。

情商是我们整个生命状态的核心。它负责塑造我们的性情、我们的信仰、我们允许或限制自己做什么，因此，我们也对自己的人生，以及我们身边的人产生着影响。

因此，情商就是我们将外在世界转化为内在世界的方式；反之亦然。它塑造了我们说话做事的方式，它也通过辨别我们选择做什么事，来表明我们的决定。

说到底，情商关乎我们是谁，而非我们是什么。

你是谁

我超爱这个问题，每当我问这个问题时，我总是会想起迪士尼动画片《爱丽丝梦游仙境》（*Alice in Wonderland*）中的爱丽丝。这个问题是蓝色毛毛虫问的，我记得因为某些奇特的原因，当时它正坐在一个巨大的蘑菇上抽水烟。

在动画片中，爱丽丝回答道："我也不知道，先生……"我想这也是我们大多数人的答案，因为我们自己都不知道自己是谁。

我们通常喜欢用名字、性别、民族、年龄、角色、头衔或在群体、家庭、社会环境中的地位来定义自己。

在我们的一生中，我们很少能够将自己与我们所扮演的各种角色区分开来。但在所有这些角色背后的某个地方，是我们的"自我"，是我们的核心存在。我们的核心就是那个内在自我，它让我们的个性在不同环境中展现出来，让我们发现自己。

练习

这个练习你最好记下来，因为在本书的最后，当我们审视属于你的独特个人品牌和身份时，还会回溯这些信息。

在我们开启你的个人情商评估前，花点时间想想你是谁。

注意，不要解释你是谁，或者你做了什么。像"我是女性，29岁，商业分析员"之类的介绍不是我们想要的答案。

想想你生而为人、能带给这个世界的、你具有的独特的性情。

使用情感词来描述你的个性，而不是用你生活中的角色。比如，热情、大胆、鲁莽、有爱心、情绪化或非情绪化的、健壮、有韧性，甚至吸引人的。

你可能需要想想一起生活和工作的人，你对他们产生的影响，以及他们可能用什么特征来描述你，例如内向或外向、开放或封闭、积极或消极、温暖或冷漠、悲惨或快乐。

第 2 章

个人情商评估工具

Discover Your Emotional
Intelligence

Improve your personal and professional impact

现在，你可以开始用 PEIP 测评工具来得到你的个人情商评估报告。为了建立你的情绪觉知力（情商的重要元素之一），我们首先需要估量并了解你在情绪这一维度的所有优势及劣势。

PEIP 测评的结果将会让你清晰地理解自己现阶段的情商水平，也可以让你更好地了解你个人的情商（你的优势以及其他）需要改进的部分。

如何运用 PEIP 测评

经过广泛的研究，我确定了情绪效能的 6 个效能等级，它们决定了我们在最常见的动态人际互动和行为情景下，最有可能做出的反应。具体情况如下所示。

第一级：对抗——当我们与自己和他人作对时。

第二级：但是——当我们不顾他人行事时。

第三级：一起——当我们与他人一起工作时。

第四级：和谐——当我们与他人和谐相处时。

第五级：赋能——当我们通过给他人赋能而发挥作用时。

第六级：精通——当我们处于情商的最高水平时。

所有这些层次都不受任何年龄或角色的限制，它们与每个人都息息相关，贯穿人们的一生。

PEIP 测评运用这 6 个效能等级，给 42 个不同的元素评分。这些元素分为 3 个子类别，每个类别包含 14 个情商维度。

PEIP 测评涵盖了这 42 个元素，可以为你当前的情商水平提供一个准确的评估。

完成评估的两种方式

对你的情商评估确实能反映出你生活的起起伏伏，所以最好把它看作当前状况的基础。换句话说，不要去思考你想要成为什么样的人，或你理想的答案是什么。你只需要关注当下即可。

随着你的情商的发展，以及生活情境的改变，时不时再次进行 PEIP 测评是有意义的。因为你可以通过对照发现自己取得的进步，或者当你生活中的某些因素发生变化时，你可以发现是哪些元素阻碍了你继续前行。

线上——这是迄今为止最容易、也最快捷的方法。如果你在网上做评估，你可以登录 philipholder 这个网站，你的 PEIP 全版报告和反馈都会直接发送到你的邮箱。

线下——如果你不方便上网或者你想要书面完成评估，那你可以按照本书后面的说明来做——你需要把你的分数加起来，并做一些简单的计算。

评估方法

如果你能预留 30～40 分钟来完成所有的答题，将会很有帮助。虽然你不需要一次性完成，但如果你能用整块的时间答题，结果会更准确。理想情况下，你可以找一个安静的、不受打扰的环境集中精力做题。

答题时，在每个维度中选择与你当前偏好最相关的描述，然后在该句旁边的数字后用铅笔画钩。

结果的准确程度取决于你的选择。你只需选与你当前偏好最相近的句子标号。你必须在这 42 个元素里做出选择，以便得到一个准确结果。如果你对某一个选项游移不定，花点时间想一想，或者先空着，晚一点再回来看。

然后，把你在这三个子类别中得到的分数相加，得到你在该维度上的总分，继续除以 3，将得到你在该维度上的平均得分。

算出的平均分将会帮助你在本书的第二部分，即进阶内容中获得最大的收获。第二部分的每一章都从六个等级开始，而这六个等级与每个子类别都相关。我们将在进阶内容中进一步了解这六个级别。

重要提醒

在看自己的 PEIP 测评报告之前，你需要知道没有任何个人评估工具或者其他类似的测评工具仅仅基于自我报告就是完全准确的。

理想状态下，所有的反馈最好都有一个验证的过程，由一个非常了解你的人或受训的专业人员陪你完成。他们可以通过教练技术或启发式提问，帮助你在这个过程中有更多的自我发现。

开始评估

表 2–1　　　　　　　　　　　　**自我掌控维度**

自我评估	选择
我不做自我评估，也不会为自我进步做任何计划	1
有时我会为自己设置不切实际的个人目标和目的	2
我用别人做参照来评估自己的能力	3
我会为了进步定期为自己设置合理的短期目标（每天和每周）	4
我制定中期的个人发展战略（每月和每年）	5
我制定灵活的发展战略，并融入我的整体人生规划中；我计划成为成功的人	6
自信	**选择**
我十分怀疑自己，我行事通常都缺乏自信	1
我有时对自己的技能和能力会有一点自信心，相信我最终能把事情做好	2
我有时或许会表现得有点自信过头，甚至对一些人来说或许会显得傲慢	3
在大多数领域，我对自己的自信心和能力保持现实又开放的态度	4
我会很好地平衡自信心和我的能力，使之匹配；我总是充满自信	5
我每天都努力对自己做的每件事充满信心，表现出积极而谦逊的性格	6
自我控制	**选择**
我常常会为微不足道的小事生气或变得沮丧	1
我是个情绪相对稳定的人，只是偶尔也会有情绪波动	2
人们说在大多数令人紧张的情况下，我都表现得镇定自若，尽管这看起来像是在回避	3

续前表

自我控制	选择
我是个平和的人，无论是内在还是外在，我都自然呈现出平和状态。我很少会心烦、情绪化或不讲理	4
我呈现出一种完全冷静的样子。哪怕情况比较严重，我的存在也会让人们冷静下来	5
我感到心如止水。无论我的生命中面临多么困难的挑战，我都从不慌张，总是积极乐观（内在和外在）	6
你在自我掌控维度的总分	
把所选句子对应的数字加总，能得到该维度的总分	
将总分除以 3，将得到该维度的平均分	

表 2-2　　　　　　　　　性情倾向维度

情绪觉知	选择
我不相信情绪是丰富生活的必需品	1
我承认有时候我的情绪确实会影响他人	2
我有很强的自尊心，我知道我的能力，也知道我能给别人带来的价值	3
我意识到我的情绪往往经由我的举止、行动和言语表达出来	4
我已学会识别和接纳我的情绪，也了解它们或许会对他人产生的影响	5
我会迅速将自己和他人的情绪状态调频，确保最恰当的沟通	6

信任力	选择
有时我觉得自己很难信任他人	1
人们似乎很乐意和我沟通，即使我对他们不是很信任	2
只有当我确信我已经降低了所有的风险，以后也不会产生任何麻烦时，我才会信任别人	3
虽然我仍需要确认事情在正轨上，但大多数情况下我相信人们会说到做到	4

续前表

信任力	选择
我每天都会给他人赋能，让他们为自己的事情做决定；我仅在他人面临问题时才施以援手	5
我相信信任是所有关系的核心，我全然信任身边的每一个人，并且仅在他人要求时提供建议和指导	6
责任心	**选择**
我从不接受在我舒适圈、角色或责任之外的额外工作	1
有时我会承担额外的工作来帮助别人，虽然我确实希望得到回报	2
我乐于帮助他人，尽管有时候会因此浪费时间或耽误工作	3
我关心他人，我会想到我的所有行动带给他们的影响	4
我经常不遗余力地帮助他人完成任务	5
无论是工作还是家庭，我对这些关系的各个方面都感到自豪并很在意	6
你在性情倾向维度的总分	
把所选句子对应的数字加总，能得到该维度的总分	
将总分除以 3，将得到该维度的平均分	

表 2–3　　　　　　　　　　自我管理维度

驱动	选择
我发现有的任务开始时极具挑战性	1
我很少能每天按优先级给任务排序	2
我做每项任务都带着同等程度的热情	3
我每天都有一个待办清单，确保当天完成	4
我为自己和他人设定了可实现的目标	5
我在生活的方方面面都有取得成功的动力	6

续前表

承诺	选择
我不为任何人或事做出承诺	1
我只对当时需要做的事做出承诺	2
我会对我所支持的那些人做出承诺	3
我很容易在对人的承诺和任务的承诺之间找到平衡	4
我会对所有依靠我的人做出承诺	5
我总是对所有的人和任务做出百分百的承诺	6

乐观	选择
人们说我的态度很悲观	1
在某些情况下，我可能会很消极，但我会尽量保持积极	2
我总是对自己持乐观态度，只是有时会对别人持怀疑态度	3
我总是对他人持乐观态度，但或许对自己持消极态度	4
我对自己和他人都保持乐观	5
我教导他人要更加积极	6

你在自我管理维度的总分
把所选句子对应的数字加总，能得到该维度的总分
将总分除以 3，将得到该维度的平均分

表 2-4　　　　　　　　　　**影响力维度**

动力	选择
我总是缺乏动机	1
我的动机大多来自他人	2
我的动力往往是金钱或地位	3
支持他人就是我的动力	4
我会因他人的成功而受到激励	5
不管遇到什么逆境，我总是很有动力	6

续前表

利用多样性	选择
我不是很了解人们的个体差异（如种族、性别、年龄、民族、身体能力、性取向、宗教）	1
我会调整沟通方式和行为来适应个体差异性	2
无论人们有何差异，我都尊重每一个个体	3
无论人们有何差异，我都倡导人与人之间是合作和互惠互利的协作关系	4
我能很好地处理个人差异（如解决冲突、组建团队）	5
我倡导一种包容的环境，在这里不同的思想可以自由分享和融合，并得到尊重	6
政治觉悟	**选择**
我既不懂办公室政治，也不懂社会政治	1
我知道在不同的情境下，有的人会比其他人影响力更大	2
为了确保事情最大限度获得成功，我能意识到该做什么事	3
我觉得建立关系时政治头脑是至关重要的，无论是与亲密的同事、其他部门的人、客户，还是与其他外人	4
绝大多数情况下，我致力于让参与的每个人达成双赢的局面	5
对于那些可以在各种情境下获得成功的行为，我会把它们模式化	6
你在影响力维度的总分	
把所选句子对应的数字加总，能得到该维度的总分	
将总分除以 3，将得到该维度的平均分	

表 2–5　　利益相关者关系维度

注意：利益相关者是指任何直接受你所作所为影响的人，这些人可能是家人，也可能是工作伙伴。

对利益相关者的见解	选择
我对每一位利益相关者的需求都不是很了解	1

续前表

对利益相关者的见解	选择
我认为我对不同利益相关者的需求有一定了解	2
我觉得我的每一位利益相关者都有各自的需要和愿望	3
我对我的每一位利益相关者的需求都非常了解	4
我使用大量不同的信息和意见来评估利益相关者的要求	5
我对每一位利益相关者个人的、具体的或独特的需求和愿望有着深刻的理解	6

以利益相关者为导向	选择
我对我的利益相关者并不太了解	1
我对我的利益相关者挺了解的	2
我现在更专注于我的待办事项清单，而不是我的"我应该如何"清单	3
我能有效地与我的利益相关者调频，并且相应地调整我的行为	4
我体现了强烈的社会责任感，在我的决策中考虑到了每一位利益相关者的利益和意见	5
我已经开发了一个持续的利益相关者改善策略	6

利益相关者参与	选择
我和利益相关者的互动有限，甚至没有	1
我发现与某些利益相关者产生共鸣很有挑战性	2
我对于利益相关者自认为的需求和真正的需求有一个更广的视角	3
我常常换位思考，以便充分理解利益相关者的问题	4
我确保利益相关者有机会定义任何一个决策过程	5
我不断地搭建共同计划，并发起新的计划以满足利益相关者的需求	6

你在利益相关者关系维度的总分
把所选句子对应的数字加总，能得到该维度的总分
将总分除以 3，将得到该维度的平均分

表 2–6　　　　　　　　　　培养他人维度

理解他人	选择
我发现完全理解一些人是很困难的	1
我有时倾向于打断其他人说话	2
我更喜欢在说之前先倾听他人	3
我倾向说"我想和你说说话",而不是"我想对你说"	4
我喜欢给别人的问题提供解决方案	5
我与人商量,问开放式的问题,然后和他们一起达成共同的解决方案	6

培养他人	选择
我不喜欢培养别人	1
我喜欢指导别人,告诉他们在每种情况下应该做什么	2
我享受支持他人的发展	3
我经常引导和帮助他人塑造自己的能力	4
我喜欢通过提供促进成长的任务来拓展他们的思维	5
我会完全赋能给每个人,以发挥他们全部的潜力	6

教练技能	选择
我不喜欢指导他人	1
我会根据情况提供一些指导来帮助他人	2
虽然我不是教练,但我确实喜欢帮助人们提高他们的技能和能力	3
我相信教练技术能帮助人们找到自己的解决方案	4
我经常问强有力的问题来促进他人从中学习	5
我是一个经验丰富的教练,专业指导他人为自己的发展做出正确的选择	6

你在培养他人维度的总分
把所选句子对应的数字加总,能得到该维度的总分
将总分除以 3,将得到该维度的平均分

表 2–7 　　　　　　　　　　　共情维度

尊重	选择
我不觉得我能尊重每一个人	1
我坚定地认为尊重是要自己去赢得的	2
我承认有的人在某些方面确实要比我更优秀	3
我充分看重他人的能力	4
我相信如果你尊重他人，你也会赢得尊重	5
和优秀的人一起工作时，我很谦卑	6

融洽	选择
我很难与他人建立起融洽的关系	1
我发现我很难直视某些人	2
直视他人对我来说感觉很自然	3
我想都不用想就能调整身体语言和姿态以便与其他人相匹配	4
我会特意调整身体语言、语音、语调和另一个人匹配，以确保我们合拍	5
我对人的直觉很准，经常对他人产生"第六感"	6

适应性行为	选择
我不赞成改变自己的行为去迎合别人的做法	1
我会调整我的一些行为以便更好地与他人交往	2
我始终如一地表现出对他人的关怀和支持	3
我会根据不同的群体、个性和情境来调整我的沟通方式	4
我会调整我的行为和沟通方式来适应不同的人	5
我就像只变色龙，把我放到任何情境里，我都能很快适应并融入	6

你在共情维度的总分
把所选句子对应的数字加总，能得到该维度的总分
将总分除以 3，将得到该维度的平均分

表 2-8 信誉维度

诚信	选择
我没有特别强烈的道德原则	1
我认为在一些情境中还要坚守诚信是非常有挑战的	2
我认为任何情境下人都必须保持诚信	3
我在人际关系和工作中，都追求更高层次的诚信	4
我对自己和他人都能保持诚实	5
我对所有依赖我的人来说都是可靠的	6

能力	选择
我常觉得自己缺乏特定的技能，或者在某些领域能力有限	1
我相信我在自己的角色或岗位上展现了足够的能力水平	2
我认为在某些方面我的能力高于平均水平	3
我很擅长我的工作，并乐于与他人分享我的技能	4
我认为在我所从事的专业领域内，我是一个非常专业的人	5
我是一个非常有能力的人，但我仍努力保持谦逊的态度	6

知识	选择
我有时觉得自己缺乏履行职责所需要的知识	1
我有时没有充分利用我的知识	2
我相信对任何一个角色来说，知识都是最关键的	3
我喜欢追求理论知识和实践知识，并用知识来提升自己和他人	4
我几乎对所有的话题或情境都感到很好奇	5
我是一个话题专家，乐于向他人分享我的知识	6

你在信誉维度的总分

把所选句子对应的数字加总，能得到该维度的总分

将总分除以 3，将得到该维度的平均分

表 2-9 　　　　　　　　　　　　**沟通维度**

风格	选择
人们必须接受我就是这个样子	1
我倾向于不去调整或改变我的沟通风格——所见即所得	2
在不同的情境下，我有时会改变我的沟通方式	3
我通常会调整我沟通的内容，以满足听众的需求	4
我总是能调整我的沟通风格以适应当时的听众和情境	5
我可以在不失去个人风格的同时适应几乎所有的情境	6

倾听	选择
他人常常指责我没有倾听	1
我会去听那些对我来说关键的内容	2
有时我的思绪会飘走，使我错失一些信息	3
在绝大多数场合我都"在线"，而且能听到绝大多数的信息	4
我会通过给诉说者反馈（取决于我听到的内容或提出的问题）来展示积极倾听的技巧	5
我能轻松地回忆起对话中的所有细节	6

提问	选择
我倾向于少问问题	1
我喜欢用封闭式提问来得到是或否这样简明的答案	2
我喜欢用开放式问题以得到更深层的理解（比如问：谁、做什么、什么时候、在哪里、怎么做以及为什么）	3
我通常会根据我得到的回答问更加开放的问题，来引出讨论	4
我会结合开放式和封闭式问题来探索所有的可能性，并达成一致	5
我很擅长用提问来帮助各方探索新的视角和潜在的机会	6

你在沟通维度的总分
把所选句子对应的数字加总，能得到该维度的总分
将总分除以 3，将得到该维度的平均分

表 2-10　　　　　　　　　**团队维度**

团队建设者	选择
我不属于团队的一员，无论这个团队是私人的、专业性质的还是社交性质的	1
我每天都会为我的团队成员提供支持	2
虽然我负责管理一个团队，但都是远程管理	3
我喜欢在团队里营造和谐的气氛	4
我努力推动团队的精神、行动和产能	5
为了达成共同的目标，我创建了协同工作的团队方式	6

影响力	选择
我不擅长影响他人	1
当我希望他人理解我的观点时，我就在影响他人	2
我经常运用影响力技巧来消除他人的反对意见	3
我希望确保各方达成双赢的结果	4
我通过接受反对意见和重新调整我的思考过程来构建共同的结果	5
我喜爱为参与的各方搭建共同的、颇具吸引力的结果	6

冲突解决	选择
与他人出现冲突时，我更愿意远离纠纷	1
我不擅长处理冲突，常常比对方表现得还差劲	2
我明白冲突是不可避免的，并需要解决	3
我相信冲突是提出问题并阻止问题恶化的极好方法	4
我促使人们找到共同的解决方法来化解冲突	5
在许多不同的冲突情形下，我是一名成熟的调解人	6

你在团队维度的总分
把所选句子对应的数字加总，能得到该维度的总分
将总分除以 3，将得到该维度的平均分

表 2–11   领导力维度

直觉	选择
对我来说，我发现某些人难以理解和解读	1
我不是总能看明白他人的意图	2
我对绝大多数的情境有很好的直觉	3
我能迅速捕捉到非语言的线索	4
我很容易就能捕捉到每个人的情绪	5
我的直觉很强，我对人、对情景都有完全的觉知	6
激励	**选择**
我不相信我能激励任何人	1
尽管不是对每个人都奏效，但我认为我能激励到某些人	2
人们似乎很乐意追随我的领导	3
我鼓励一些人发展和成长	4
我总是为如何培养我的员工制订计划	5
人们经常说我是他们的灵感来源	6
适应性	**选择**
我难以适应不同的环境	1
一旦我看到好处，我有时就会对如何做事做出调整	2
如果能为团队更多人带来益处，我就会随时调整我的领导风格	3
我能很快、很容易地适应在新环境中管理员工的方式	4
为了他人的利益，我会调整自己的领导风格	5
我能迅速有效地适应不断变化的环境，并灵活运用我的领导风格以适应团队成员的各种需求	6
你在适应性维度的总分	
把所选句子对应的数字加总，能得到该维度的总分	
将总分除以 3，将得到该维度的平均分	

表 2–12　　　　　　　　　　　变革促进维度

发起者	选择
我倾向让其他人发起变革	1
只有在我能看到对我有什么好处的时候，我才愿意采取新的行动	2
我认为我是一个足智多谋的人，并喜欢提出新的工作方式	3
我喜欢对过程和系统做出调整，以促进产生有用的和积极的变化	4
我喜欢挑战和改变我们做事的方式	5
我相信变化是永恒的，我也愿意去实现它	6
支持者	**选择**
我发现在变革实施的过程中，我很难支持他人	1
我致力于帮助他人度过变革的过程	2
我不知疲倦地工作以支持新的变革，即使我并不完全赞同它们	3
我完全理解变革会产生的问题，并支持人们顺利过渡	4
我鼓励他人运用不同的技能和技巧来度过变革期	5
我会制订详细的计划，在变革过程的每个进程中有效地支持他人	6
推动者	**选择**
我认为不是每一次变革都有必要	1
如果能对我所做之事产生直接的好处，那么我同意变革	2
变革是常态，如果其他人不喜欢，那么他们就趁早离开	3
如果变革不是单纯为改变而变，我愿意成为变革过程的一部分	4
我相信变革是改善的唯一途径	5
来吧，在下一场变革中，让我们来实现它	6
你在变革促进维度的总分	
把所选句子对应的数字加总，能得到该维度的总分	
将总分除以 3，将得到该维度的平均分	

表 2–13　　　　　　　　　　协作维度

人际关系网	选择
我只熟识 10~20 个人	1
我在领英（LinkedIn）上有个人档案，只因为这是个推销自己的绝佳方式	2
我在自己所在的组织内部人脉甚广，但组织之外就没什么熟识的人了	3
在我的业务之外，我的关系网里大概有 100 个熟人	4
我有广泛的内部和外部人脉，我利用这些关系网来拓展知识和能力	5
我有一个巨大的覆盖全球的关系网（超过 2000 人），这些关系互为补充、互相支持	6

团队工作	选择
我不属于任何性质（个人、专业或社交）的团队	1
即便我是团队一员，我们的角色也决定了大家基本是单打独斗的	2
我们的团队是功能性的，只在有问题时大家才见面并讨论	3
我在一个互相分享知识和能力的团队里工作	4
我在一个充满乐趣和活力的团队里工作，它为成员提供了挑战和支持	5
我们的团队是一个覆盖广泛并有组织的支持性网络中的一部分	6

长期关系	选择
我没有任何持续长久的人际关系	1
我有一些亲近的同事和朋友，并时不时地联系他们	2
我猜我的老朋友数量应该和其他人差不多	3
我有相当多长久的关系，其中一些是我认识超过 10 年的同事	4
这些年来，我和许多客户与同事都成了亲密朋友，他们也成为我人脉的一部分	5
我与世界各地的人建立了长期的关系，我们保持着联系，并且我常把圈子里的朋友拉到一起相互认识	6

续前表

你在协作维度的总分
把所选句子对应的数字加总，能得到该维度的总分
将总分除以 3，将得到该维度的平均分

表 2-14　　　　　　　　创新和创造力维度

智谋	选择
我缺乏想象力	1
我发现有时候跳出情境去思考是挺有挑战性的	2
在任何时候，我都倾向于只用手上现成的资源	3
我喜欢寻找新资源来支持我的创造	4
我汇集不同的／不寻常的资源来促进创造的过程	5
如果找不到我需要的资源，我就会自创资源	6

主动性	选择
我常常发现开始一个新项目很有挑战性	1
我能想出新点子，但我发现很难把它们付诸实践	2
我喜欢与他人合作／共创来启动一个新项目	3
我是那种总想让事情运转起来的人	4
在把新项目带到桌面上时，我很有进取心	5
我会搭建一个动态的框架来支持新的倡议和想法	6

自发性	选择
我更倾向于反面，总会使用类似"不"，或者"不，但是"一类的词	1
我会持怀疑态度，常常说"好啊，但是……"	2
我用质疑带给他人益处，我常说"好啊，或许……"	3
我喜欢正向的方式，最常说"好啊，而且……"	4
我喜欢支持他人，我通常会说"好啊，我们一起……"	5
我总是很正向，大部分时候我会简单说"好啊"	6

续前表

你在创新和创造力维度的总分
把所选句子对应的数字加总，能得到该维度的总分
将总分除以 3，将得到该维度的平均分

结果与记分

无论你是在网上还是以书面形式完成 PEIP 测评，你的情商维度反馈的内容都是一样的。

请注意：如果是以书面形式完成，当总分不能被 3 整除时，你可能需要四舍五入来取整。比如，如果你在自我管理方面的三要素分数是（1+4+6）÷3=3.666，那你可以向上取整到 4。如果你的三要素分数是（1+3+3）÷3=2.333，你就需要向下取整到 2。

接下来，请把每个维度的平均分标注到下面的表格中，然后把这些点连起来，以帮助你了解你的情商在 14 个 PEIP 维度中的状态。

表 2–15   14 个 PEIP 维度记分表

分数	1	2	3	4	5	6
自我掌控	○	○	○	○	○	○
性情倾向	○	○	○	○	○	○
自我管理	○	○	○	○	○	○
影响力	○	○	○	○	○	○
利益相关者关系	○	○	○	○	○	○
培养他人	○	○	○	○	○	○

续前表

分数	1	2	3	4	5	6
共情	○	○	○	○	○	○
信誉	○	○	○	○	○	○
沟通	○	○	○	○	○	○
团队	○	○	○	○	○	○
领导力	○	○	○	○	○	○
变革促进	○	○	○	○	○	○
协作	○	○	○	○	○	○
创新和创造力	○	○	○	○	○	○

　　你可以使用这些分数作为参照，帮助你找出需要关注的具体发展方向，以便更好地使用本书的第二部分，即进阶课的对应章节。

你的情商进阶课

Discover Your Emotional Intelligence

Improve your personal and professional impact

情绪效能的六个层级

以下是我之前提到的六个层级的深入概述，PEIP 测评和本书内容都是我在此基础上开发的。

第一级：对抗

当我们处于第一级时，就是处于一种极度以自我为中心的、只关注自己的状态。

我们可能非常悲观，总是反对他人的想法，挑剔他人的话语或行为。这也意味着我们不会用心倾听别人可能要说或要做的事情。

我们可能会无意中通过意识或潜意识中的对话与他人形成对抗，并倾向于使用非常消极的语言模式，这可能包括在开头或句子中使用"不，但是"这样的话。

第二级：但是

当我们处于第二级时，我们可能会显得更以"你"为中心，即对他人的看法更悲观一些。我们将更倾向于使用命令与控制的方法或"告诉"的风格。

在我们的意识或潜意识对话中，我们最可能使用的语言包括"是的，但是"，以及其他否定词，如"做不到""不应该""不会发生"或"不要做"。

第三级：一起

当我们处于第三级时，我们开始变得乐观，会以"我们"为中心，因此也更关注积极的、共同的努力和结果。

在我们意识或潜意识的对话里，最可能的是"是的，并且"，也会包含更有建设性的短语和问题，比如："我们能怎么做？"

第四级：和谐

当我们处于第四级时，我们展示了一种更加乐观、和谐或联合的方法，这变得更加以"我们"为中心。它促使每个人的能力得到发挥，并增加了团队成功的可能性。

在这个层级，我们最可能在意识或潜意识的对话中使用的语言，包括基于群体的单词和短语，例如"是的，让我们一起去实现"。

第五级：赋能

当我们处于第五级时，我们展示了一种团队和谐之外的乐观和信任。我们会鼓励他人为自己的努力负责。我们的角色更多的是放手而不是亲力亲为，我们鼓励从试错、失败和成功中学习。我们的目的是帮助引导和塑造他们的可能性，而不是我们自己的可能性。

在这一层次的意识或潜意识对话中，我们最有可能使用的语言包括开放的、积极的问题，如"谁""什么""什么时候""在哪里""如何"，甚至是"为什么"。重要的是，这样的发问方式不需要我们提供任何答案。

第六级：精通

当我们处于第六级时，我们用充满可能性和潜力的视角看世界。当我们在这个最高级的情商水平时，我们会展现出一切都恰到好处的乐观、信任、赋能和投入，这已深入本性，成为我们存在的样子。

在我们的意识或潜意识对话中，我们最可能使用的语言必然会包含"是"这个词。

运用 PEIP 测评的结果

接下来的进阶课是一次完整的情商自我发展的历程，我将依次展示，在每个维度上你都可以快速并相对容易地小步迭代与调整，而每一次变化都将提升你的整体情商水平。

我向你保证，很多这样的内在进步会随着你的阅读自然而然地发生。最棒的一点是，这也不会涉及任何艰难的深度认知过程。

之所以能做到这些，得益于我们的情感意识。一旦我们对自己以及我们可能对他人产生的影响有了更多的认识，我们的大脑就会下意识地、几乎自动地开始相应调整我们的行为。

在每一节后面我都配了一个小练习，鼓励你思考、行动、应用或以其他的方式在你的头脑中传播这些信息，并在需要时将其应用于生活中。

我建议你阅读所有的章节，使情商的每一部分都得到改善。当然，你可以关注 PEIP 测评的低分领域，先改善它们，再在得分较高的领域寻求发展。

关键是要做到日拱一卒。你不可能立即采用一大堆新的行为或思维方式，这就是我特意设置本部分结构的意图，方便你可以一次又一次地回顾进步。

在接下来每个章节的开头，你会先读到概述，以及与每个情商要素相关的六个效力等级。

使用你的平均维度分数

请使用你获得的平均维度分数，来指导自己在该特定维度中选取与当前情商相匹配级别的反馈，从而帮助你在每一章概述的三个元素里形成学习的基础。

我们之所以对每个维度使用平均分，是因为考虑到即使只有一个元素弱于其他两个元素，它仍然会对整个维度本身的水平产生不利影响。

我建议你通篇阅读每一个章节，即使你在某个维度的分数很高。因为这意味着你很有潜力运用这个更高的能力做出更多的改善，这将有助于你的个人提升过程。

第 3 章

进阶课一：自我掌控

什么是自我掌握

自我掌控维度是我们情绪健康的一个组成部分，关乎我们在不同情况下如何管理自己。自我掌控也是关键元素的一部分，我们可以用这些关键元素来帮助自己识别那些支持或阻碍我们发挥真正潜力的个人特质。

自我掌控维度包括：

- 自我评估；
- 自信；
- 自我控制。

你的维度反馈

使用你记录下来的 PEIP 测评中关于这个维度的平均分来查看相关反馈，以下我们分别从一至六级进行详述。

第一级：消极 – 自我怀疑 – 情绪不稳定

你对自己和他人表现出悲观和愤世嫉俗的态度；你在大多数情况下只认定最坏的情况，你质疑自己的能力，也经常怀疑他人的技能，导致自我价值感低下，这可能导致你公开地向他人发泄你的挫败感。

第二级：不切实际 – 缺乏自信 – 情绪波动

你对自己的认识是不现实的；你表现出自信心不足，这最终会限制你部分或全部能力的发挥。在大多数情况下，你容易怀疑自己，这将导致你在生活中的真正目标总体而言都不能实现。

第三级：验证－过度自信－退缩

虽然你需要借助其他人来验证自己的能力，但你可能会容易退缩或对他人显得漠不关心。你的过度自信有时会使你难以与其他人建立真正的共情，或难以在他人陷入困境时表现出同情心。

第四级：实际－开放－冷静

你对自我价值的认识是符合实际的，相信你对他人的开放态度，加上愿意适应和学习的心态，将使你在许多情况下保持冷静和积极。

第五级：有计划－自信－宁静

你对自己和他人都保持着一种乐观的态度；你对自我价值是有信心的，你相信自己是决定未来的机会的助力，并通过额外的努力和承诺来充分发挥你的潜力。

第六级：灵活－谦虚－积极

你表现出高度的自我意识，你对自己独特的能力非常有信心，同时也坦承并寻求改善你觉察到的缺点。你一直在寻找机会，在身体、心理和精神上不断精进自己。

在自我掌控维度上发展你的情商

自我评估

通过自我评估，我们学会了更有效地控制自己的情绪，尤其是当我们处于无序或混乱状态时。特别是评估我们在那种情况下的表现，无疑比忽视我们可能在不经意间对他人造成的影响更有帮助。

自我评估是关于我们如何、何时、何地确定优先做什么，然后有意识地或特意地选择运用我们的情感特质。

多年前，当我刚开始学日本的合气道时，我的老师（Sensei）^①丹尼斯·伯克（Dennis Burke）曾反复对我说："停下动作，只是存在。"（Stop doing，start being）

我被"存在"和"停下动作"的概念困扰了很久。最终我明白了，老师所说的是不仅仅要做每一个动作，更要让它成为整体的一部分，让它与我的思想、行为以及对手的后续行动或反应自然发生，融为一体。

后来我还有更深一层的理解，即"存在"就是使用我的每一种情绪感官。存在于每一个当下，意味着运用这些感官为我的思想、语言、行为以及反应输入信息。

每当我意识到自己活在当下时，我都能运用我所有的情商与正在

---

① 在日语中，Sen 的意思是在前面或引领，而 Sei 的意思是生活或存在。Sensei 在传统上被翻译为老师，有时也被用于指领袖，实际上两种情况兼而有之。在日语中，另一个词 Ikigai 的意思就是"存在的理由"，或者可以为我们提供一个生活的方向。这个词和合气道一词有一定相似性。

发生的事情调频。毫无疑问，这会让我对其他人产生无数独特而又有力量的洞察力，也总能让人们给我贴上"直觉很准"的标签。

不论我所描述的"存在"是不是直觉，我都感到自己是幸运的，因为我能够在我大部分职业生涯中调动并成功地运用它。

它为我提供了强有力的、往往具有高度揭示性的洞见，以了解人们当前的状态或处境。它使我能够确定是什么阻碍了他们，最重要的是它帮助我确定了他人可以采取怎样适当的步骤来向前迈进。

我理解的"活在当下"就是指我们全然享受当下的一刻。我们感到平和又放松，知道自己要做什么，怎么做，不需要有意识地思考或看起来多么努力。

为了进一步理解这个问题，我们可以想想心理学家说的心流状态，尤其是从情商的角度去理解。当我们格外专注时，我们就处于心流的状态，即我们在那个当下，对某件事投入了我们全部的注意力。

这时，我们全神贯注于手头的工作，不再进行任何有意识的决策。我们常常忘却了时间、周围的人或其他分散注意力的东西，甚至有时会忘记我们基本的生理需求。

根据心理学家米哈伊·契克森特米哈伊（Mihály Csíkszentmihályi）于 1975 年提出的"心流"概念，这是因为我们的注意力都在心流状态里，没有更多的注意力可以分配给其他领域。

我相信除了注意力的分配，在我们的意识和潜意识层面，一定还有更多的事情在心流状态下发生。

当一个人处于心流状态时，会有一种明显的超敏感性，让他们与自己所做的任务直接相连。

他们的大脑能在毫微秒内做出精准的决定；他们的反应能力增强了，协调能力也增强了，负责各个任务的肌肉群也正在以正确的顺序接受来自大脑的脉冲，以确保获得成功。

当一位职业运动员或体育家体验到心流时，他们的关注力会全部放在获胜、目标或标靶上；同时他们的潜意识也会通过运用全部理智与情感的感官，来不断调整以适应每个不断变化的情境或条件。

我喜欢画画，虽然达到了一定水平，但肯定称不上是一位伟大的画家；但当我在作画时进入心流状态并完全沉浸其中时，我所获得的愉悦和对健康的益处是巨大的。

我知道你在想：上面说的这些和活在当下有什么关系，或者更重要的是，它们和情商有什么关系？

答案就是，它们与情商紧密相关。当我们进入心流状态时，我们就活在了那个当下，而情商让我们在那个特定当下体验到了所有不同的视觉、声音、身体与运动的感觉。

我深信，我们的情商越高，我们就越有效率，也会越频繁地进入心流状态。

我很幸运各家公司能雇用我，并付费给我让我做自己热爱的工作。培养领导者或未来领袖正是我过去25年以来一直在做的拿手活儿。

当我与经理团队工作时，我经常会进入心流状态。在一天结束之时，我会发现自己很难回忆起当天的具体细节，比如事情是如何进展的、详细的对话、练习或开展的活动。然而，通过持续复盘和反馈，我知道我该做的都做了，顺序无误，方式得当。

我能想出来唯一一个可以类比这种工作状态的场景，就是我感觉自己就像在自动驾驶，我并未有意识地思考我正在做的事情，甚至也没有去想我下一刻要说什么话。

你可以想象自己正在开车，并且安全地抵达了目的地，但并没有记住过程中的任何细节。我们每个人都有这样的体验。这并不是因为我们没有小心驾驶，没有集中注意力；相反，我们有足够好的判断力，我们也确保了自己和路上其他人都是安全的。

在这些类似情境中，在我们的大脑里，潜意识正在持续地自行运转，如同船只上的自动驾驶系统，总在根据环境中每时每刻的变化不断进行监测和调整。这样就可以让我们的意识层面有空间去思考、复盘或根据当时的情境做出重要的行动。

在紧急状态下，大脑会集结来自意识和潜意识两方面的神经元信息采取必要的行动来保证我们的安全。意外确实会发生，但毫无例外，总是源于注意力的缺失。所以，在这些情境里到底发生了什么？答案就是"分心"。当我们被外部影响分心时，我们的潜意识自动驾驶就停止工作了，而我们的意识则跑去关注令人分心的事，这也使事情开始变得混乱。

另一个可以解释意外发生的理论是基于我们如何学习新技能。学习是在意识层面发生的，而习得的行为则更多归于潜意识层面。

顺便提一句，导致意外发生的另一个原因是疲惫。不过我们还是下次再谈这个话题吧。

花时间注意

我常常喜欢花 20 分钟的时间散步，这可以帮助我理顺思路，并且找到看待问题的不同视角。

我注意到散步的前 5 分钟我往往还在与问题纠缠。散步时，我的头微微低下，眼睛注视着前方的地面，大概只能意识到 10% 的周遭世界。

接下来的 5~10 分钟，我留意到当我开始寻找其他解决问题的方案时，我的头会微微扬起，眼睛会打量更大的范围，这时我会对 50% 的周遭世界投入意识。

散步的最后 5 分钟，我的头会扬得更高，我开始对周围有更多的意识。通常，我一般会在这个阶段找到问题的解决方案，并且考量采用怎样的路径是最好的。

我好奇这个奇怪的特性是否与英国高速公路骑警训练的要求道理相同，即警察们被要求远眺，他们要关注到所能看到路面的最末段。让他们以视力覆盖到的最远点为界，对其间的每个动静都有更多的意识，这是否就能激活他们的有意识思考，从而可以对各种情况保持更快的响应？

我希望你很快就会由衷地感叹，我们在某一领域的情感和意识状态是可以打包迁移到别的领域，并且很好地实现重复利用的。

练习

花几分钟思考一下，当你真正处在当下时，审视一下处于心流状态时眼前的世界。这种时刻可能发生在你工作、开车、运动、绘画、唱歌、跳舞、整理房间、看电影、洗碗、做饭、娱乐或遛狗时。

在另一张纸上，写下你在那个状态下所能想到的有关感受的词汇，例如：快乐、投入、乐观、有动力、无忧无虑、开放、有动力、兴奋、专注、有觉察等。

这可能也会帮助你专门去思考：

- 当你活在当下，你看到或关注的是什么；
- 你能在周围环境中听到什么声音，以及你自己内心或其他外部的什么声音；
- 你的情绪和身体感觉如何。

现在，想想你必须完成的下一个困难的任务，并考虑你如何能够将这些情感或意识的部分或全部状态转换到那个情境下，以获得一个更好的结果。

例如，当你试图解决一个复杂问题时，抬起头，把自己置于一个更明朗的环境中，改变你的注意力，或多或少倾听自己内心的声音，这将使你找到一系列不同的观点或可选的解决方案。

自信

信心指引我们给予自己许可或限制。它创造了确定性，同时也创造了不确定性。它管理着我们的生活，控制我们的每个行为，因此在任何特定时刻，它都是我们情商水平的一个重要方面。

缺乏自信是阻止人们实现想要的人生目标的最大障碍，这些目标包括站在台前面对观众，或是处理复杂的人际关系，抑或是在困境中做正确的事。

当我们想到日常生活中可能会感到不自信的情况时，情商或许正在竭尽全力地保护我们。它从过去的经历中汲取经验教训。它正在尽最大努力确保我们不会再犯同样的错误。

我们的情商可以在我们的潜意识里创造出各种形式的额外障碍。带着这些障碍，我们通常会发展出一个不充分的信念系统，控制着我们内心的许可（或限制）按钮，随后也导致我们的自尊越来越低，甚至让我们感觉无能为力。

十多年前，我在家里办公，苦坐桌前，写不出一篇名为"自信"的文章。尝试了数个开头都失败后，我变得越来越沮丧，并且可能因为这些挫败感，我开始嘟囔起来。我的女儿米莉那时候应该 12 岁，她走进我的书房，问我是否需要帮助。

我并不指望她真的能帮上忙，我向她解释我正在试图定义什么是"自信"，我需要用一种有助于他人的方式来描述它。

米莉说："我会想想的。"不出所料，她说完就走了，留下我继续苦思冥想。不过，她仅仅想了几分钟，就回来了。她找了个舒适的姿势坐下说："爸爸，我认为'自信'就像一架天平或跷跷板。想象一下，一边放上'能力'，另一边是'自信'，当能力和自信匹配时，我们就会有自信！"

她一下子就抓住了重点，我有点不知所措。不过，我还是问了她："如果'能力'比'自信'更重，天平失衡了该怎么办？"

"是的，当然，这会失衡，"她回答说，"这可能意味着低自尊导致缺乏自信。"

我把这个概念消化了一两分钟，然后回答说："好吧，自作聪明的家伙，但如果'信心'比'能力'更重会怎么样？"

这时，米莉从椅子上站起来，直视着我说："哦，爸爸，你只是在装傻，那当然是'傲慢'。"

然后她踮起脚，故作傲慢地甩了甩长发，笑着走出了我的书房。

这么说吧，目瞪口呆都不足以形容当时的我！

简单如 ABC

该表扬就要表扬，我现在就要展示我称之为"米莉天平的自信心模型"。谁能想到我的孩子最终教会了我如 ABC 一般简单的道理呢？

$$\frac{A \quad B}{/ C \backslash}$$

A ＝能力（ability），B ＝信心（belief），C ＝自信（confidence）

为了将这个模型放到具体情境中，让我们考虑这样一种情况：我们的自信水平可能阻碍我们的情商正常工作，不能有效地帮助我们。

例如，当我们准备向一大群人做报告或演讲时，我们的能力和内在信心系统将会做以下三件事之一。

- 能力与信心平衡，使我们的情商能够有效地解读并自信地沟通；从观众的角度来看，这将更适合他们独特的需求。结果很可能是，他们发现我们的演示是有意义的、有吸引力的和有价值的。

- 能力大于信心，会带来一系列基于信心带来的沟通问题，其中包括尴尬、紧张、坐立不安、声音微弱或听不清。这使得我们不能自信地看着听众并与他们直接交流，也会导致他们认为我们的演示是不合格的、低效的，甚至可能是无效的，因为我们与他们似乎没有人与人之间的直接联结，也没有联结到他们的特殊需求。

- 信心高于能力将阻止我们到观众中去，因为我们看起来显得十分傲慢，就像是在对他们发表观点，而不是选择和他们在一起。这种沟通方式就是潜在的过度自信，是自我关注，即我们更多的是关心自己，而不是观众。这通常会导致我们与观众公开或私下出现分歧，他们会忽视我们的分享是否有真正的价值。

练习

使用米莉的模型（ABC），想想你生活中的某一个活动。在这个活动中，你的自信心天平很可能是不平衡的，考虑一下是什么阻止了你在这种情况下真正取得成功。

- 是什么让你不自信？
- 在这种情况下，你的信心系统有多强大？
- 在这种情况下，你的技能或能力如何？

我很好奇，在我们的人生中有多少事情都拖着没有实现是因为我们没有自信？实际上，我们本可以成功地实现它们。

几年前，我正好有点时间，在拖延了几年之后，我最终决定在花园的一头建一个池塘。然而，我的花园正好在一座天然碳酸盐岩石山的山坡上，而且那个坡非常陡。

我考虑了现实情况，上网研究了如何把池塘建在碳酸盐岩石山上，然后我惊讶地发现知识其实唾手可得，且相当详细。我甚至在一个网站上看到某个家伙在类似的山坡上建了一个功能齐全的自然"游泳池"。

这可真是个好主意！我再次考虑了现实情况，用几天时间进行了更多搜索，并在网上向更有经验的人求助，之后我租了一台迷你挖掘机。

在众人的帮助下，我们最终挖了一个直径超 15 米、深将近 2 米的坑。同时，我们沿坑的四周挖了一个扁平的宽 0.7 米多、深将近 0.25 米的隔栏，可以装上沙砾和水生植物，帮助过滤超过 75 000 升的雨水。

我凭着一点自信，多次试错，学习各种新事物（比如，如何不把迷你挖掘机又开翻了），累得肌肉酸疼，外加多处擦伤，以及在需要时随时求助专业人士，我们最终成功了！

现在池塘已经建好了，看起来非常壮观。我们拥有清澈的池水，四周生长着无数的野生植物，还有很多美丽的小动物在这里安家。我们将一个平平无奇的草坡变成了融入自然的美景，它为我们的生活和家庭带来了实际的价值。

练习

1. 想出一个你因为缺乏完成的信心而不断拖延的任务。

2. 考虑你的现实情况。换句话说，这个任务能否让一个能力、技能和知识都与你相近的人去完成？

3. 如果第二点的答案是不能，那你需要问问自己，你需要学习什么新技能来使自己开始行动，并可能成功完成任务。

4. 如果现阶段你还不具备所需的技能或知识，想想该任务的哪些方面可以通过额外的帮助或专业知识来完成，哪些事你可以通过自己的努力去完成。

5. 如果第二点的答案是可以，那么你就不要再耽搁了。顺便说一句，拖延更多的是你不相信自己或者自己的能力，于是就想要做个测验；拖延也并不是说要找出你不敢开始的所有原因。

你或许会猜到，我坚信在做中学。我也相信只要你提前做出努力，没有什么是不可实现的。当我们认为某事可行，那我们就只需要问自己"我会如何去实现它"。

除了那些 DIY 的项目，这种思维方式也同样适用于工作和个人生活的各个方面。当我们试图在不同情境下考虑现实时，一个绝佳的方法就是问："什么？为什么？那么，什么？"

当我在做我所谓的"即时教练"时，我会按特定顺序去使用这三个问题。通常在这种情形下，有人可能会陷入一种思维僵局，正在努力向下一阶段前进。

例如：

- 你希望实现的具体目标是什么？
- 你为什么想要实现这个目标？
- 那么，是什么阻碍了你？

然后，根据他们的答案，重复类似的过程：

- 你可以改变或调整的是什么？
- 为什么那么做会带来不同？
- 那么，你现在可以采取什么行动？

这一系列"什么？为什么？那么，什么？"的提问会以不同的形式重复多次，直到当事人自己确定了需要做什么才能达到自己想要的结果。

当我困于某个新概念或者问题时，我发现这个工具非常实用。我会问自己这三个相互关联的问题，每个问题都以"什么""为什么"和"那么，什么"开头。

围绕着我想探讨的话题的讨论结果通常都会更加深入和清晰。毕竟，这其实是另一种对某一情况、问题或难题现实情况的检验方式，如此我们能够轻松快速地得到结果。

你可以自己尝试一下，就选取一个当前的问题，或者用它来促进你完成的上一个活动。

自我控制

自控的合理定义是我们对自己的情绪、冲动和欲望要加以管束。在此基础上，我们应该能够阻止自己对某事做出行动或下意识反应，或者无论我们是否想要有某种感受，我们都能控制得住。

从情商的角度来谈，自控不仅关乎选择吃什么或不许自己有某些奢侈行为，还能约束自己深陷任何可能对我们不利的事情。它更多的是对那些可能会阻碍正向结果的态度或行为进行约束。愤怒、压力、焦虑、沮丧甚至傲慢常常会对可能的积极结果带来相应的负面影响。然而，这些情绪如此强烈，以至于在发生的当下，我们可能难以抑制。

我们都有过这样的体验，有那么一刻，所有的一切本该非常顺利，但因一时不察，我们（或者其他人）就犯了错，美好的世界瞬间变得混乱不堪。

最好的应对就是接受错误是我们生而为人的一部分，也相信通过这些困难，我们无形中获得了知识，至少理论上这听起来很不错。然而，就在事情发生的当下，我们很难控制住自己下意识的反应。

我采访过数百个人，希望了解什么是更高水平的情商。我发现各个行业的顶尖人才都是那些可以成功地导流自己负面情绪的人。

在进一步研究之后，我发现他们每个人导流自己情绪状态的方法大同小异。这些方法大幅提高了他们的自控水平，并且附带丰厚的回报，即他们会显出更高水平的自信。

我即将要跟你分享的技巧，最初是我从武术练习中学到的。随后，我又发现所有情绪自控超强的人，碰巧也都展现出了高水平的自信，他们都下意识地使用完全相同的技巧。

进一步研究让我认识到这绝不是幸运的巧合。每次发生类似的挑战，我发现如果人们能成功导流情绪状态，都会发生相同的超现实反应和身体反应。

找到中心

第一个这类状态就是我们所说的"回归中心"。要找到我们身体的中心，我们首先需要站直，双脚分开，与肩同宽（见图3-1）。

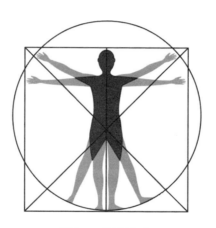

图3-1　回归中心

接着，我们要把自己的右手平放在腹部，手指并拢，食指放在肚脐眼的位置，其余的手指则平贴在腹部。然后，我们用左手食指指尖，顺着右手指尖向下划过腹部，沿着这条假想线，到达右手小拇指指向的位置。

放下右手，此时，我们的左手食指停留在我们的下腹部（肚脐下大约 5 厘米处）。接下来，我们想象有一条线，从我们的头顶向下垂直穿过我们身体的中心。将这条垂直线与左手食指指向背部的那条水平线相交，形成直角。

这个两条虚拟线的相交点，就在我们身体内部下腹部的中间，它就是我们的"中心"。对于练习瑜伽或普拉提的人来说，这里被称为"核心"。

顺带一提，它也是七个脉轮点之一①，被称为"sacral"或"sacrum"（脐轮），而在东亚武术中常被称为 tanden 或 hara（丹田），是我们平衡的中心点，运动即由此而来。

当我们把注意力投注到我们身体的中心时，会发生一件特别了不起的事，即我们的精神会变得平衡，同时身体会变得稳定。

我开工作坊时，会让学员做一个练习，即让他们两两一组，并肩站立。第一个人把注意力放在自己前额中间的某个点。第二个人将手轻搭在第一个人的肩上，并随意向某个方向用一点力侧推。结果第一个人通常会移动或摇晃，而两个人都会在精神和身体上失去平衡。

在练习的第二部分，第一个人要将自己的注意力集中于上文所述的中心。当同伴再次对他们的肩膀施压时，第一个人神奇地稳住了。每次练习的结果都是一样的。一旦练习者找到了他们的中心，他们就会变得更加健壮、更加平衡，并且能更好地控制周围环境了。

---

① 在印度的瑜伽灵性系统中，一个脉轮被认为是人身体的一个结点，人体中有七个盘旋的轮状能量中心出现，所以命名为七重轮。——译者注

现在让我们简要探讨一下为什么会存在这种现象。当我们触摸或者注意力集中在额头的某个点时，我们就是在向自己的认知（理性）大脑发送一条信息，以帮助我们确认这个触摸是否有威胁。

这是个二维的、有具体定位的视角，那一刻它使用了大量的、错误的脑力。因为我们的关注点在那一刻指向了一个单一外部点，所以我们会在身体上失衡，甚至变得头重脚轻。如果我们观察那些陷入深层认知思考的人，就会发现他们的头是微垂的，导致他们的姿态相较于自然垂直的平衡线是前倾的。

另一方面，当我们把注意力放在我们的核心，这就是一个三维的位置，是我们整个身体的中点，它帮助我们与自己的水平及垂直的平衡线协调均衡。此时，我们的头也会下意识地抬起。

另一个有趣的事实是，身体的中心点位于脑干的最末端，直接连接着我们的边缘系统，即我们大脑的中心。这个脑内的中心点正好管辖着我们绝大部分的情商。

最近，科学家们发现我们的大脑和肠道之间存在着直接的神经系统的联系，多达一亿个神经元可能位于下腹部，通过中枢神经系统向大脑提供及时的反馈。难怪当事情不顺时，我们的胃部会有坠胀感。

因此，我们越是回归身体的中心，我们就越能在身体和情绪层面上感到平衡。

身心放松

我希望大家想到的第二个状态是完全放松。完全放松并不是指躺在椅子上闭上眼睛这类放松，而是指在身体和情绪上的完全放松。

让我们从呼吸开始。先深吸一口气，屏住几秒，然后再缓缓呼气（如图 3–2 所示）。你身体的哪个部位随着呼吸而动？是胸腔上半部和肩膀吗？

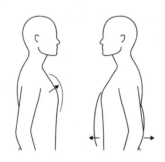

图 3–2　完全放松

其实我们大部分人醒着的时候并没有好好呼吸。当我们吸气时，只吸入了肺活量的三分之一左右。然而，当我们进入深度睡眠时，呼吸会大不相同。我们会用膈膜周围的肌肉呼吸，我们的胸腔只会在腹部下方扩张，而不是进一步向上延伸到肩膀。

有规律的隔膜呼吸可以使我们呼吸的空气量增加一倍，达到肺部总容量的 60% 左右。这意味着我们能吸入更多的空气，也就意味着会有更多的氧气进入我们的血液，从而使更多的含氧血液到达我们的大脑，加快大脑的新陈代谢。大脑新陈代谢的加快与脑力的增长及呼吸次数的减少直接相关，这将改善我们放松的能力，并大大减少身体的损耗。

想要学会腹式呼吸，可以试着这么做：将一只手放在肚脐下方，然后深呼吸。如果你的手向内移动，那就是胸式呼吸；只有当你的手被推离腹部，才是腹式呼吸。

如果你发现这么做很困难，那可以尝试将注意力集中在"中心"上，围绕该点进行深入而缓慢的呼吸。

深呼吸几次，注意其间的差异。一开始练习时，小心不要过度。如果你感到有些头晕，那只是你的大脑对氧气的美妙增长做出了反应，这种头晕的感觉很快就会过去。

我们都需要时不时地进行几次腹式深呼吸，来帮助自己进入一种愉快的放松状态，安抚紧张的神经、消除不当情绪或唤醒自己。

说到底，这就是你看到这里，即将或者已经开始打哈欠的原因。

心态轻松

我想探讨的第三个状态是一种精神状态，而非身体特征。在一些人看来，处于轻松的精神状态时，似乎身体的活动也只需要很少的努力。如果你在任意一个行业见过真正的大师工作，无论是木匠、音乐家还是运动员，你都会注意到他们取得成果时显得好像毫不费力。

多年的练习、学习和技能的发展已经融入他们的手艺当中，所以他们工作时看起来似乎不费吹灰之力，有的甚至可以说是轻巧极了。

正如我们在"自我评估"一节讨论的那样，当我们进入心流状态时，我们的本质就是"心态轻松"。我们的身心优雅地融为一体，以至于我们与正在做的事情完全同频了。

当我们处于"心态轻松"的状态时，还会有另一个极大的身体影响，那就是你会变得无比强壮，甚至不可移动。我就亲眼见过这样的情况。

我之前提过，每周日早上丹尼斯老师和我在我们当地的橄榄球俱乐部当教练。我带的是七八岁的孩子，丹尼斯带的队伍队员平均年龄更大一些，而他们正在尝试建立一个强大的防御模式。我看到，他让 12 名孩子中的 6 名长得比较高大的孩子抓住他，或他的橄榄球装备，把他从地上抱起来。结果这些孩子很容易就完成了这个任务。要知道丹尼斯身高可是超过了 1.8 米，长年累月地练习和气道，使得他身强体壮。

我记得他大笑着鼓励孩子们把他抬得更高些。短暂休息后，他又稳稳地站回地面，并让孩子们再次挑战这一任务。这次孩子们没能把他抱起来，哪怕丹尼斯鼓励队伍里的所有人一起加把劲来尝试，也没能抱起他那突然变得无比沉重的身体。

这并不是魔法，这只是身心力量结合了当时我还知之甚少的、丹尼斯所说的"心态轻松"。

即便放在 20 年后的今天，我仍然惊讶于丹尼斯竟然通过一种单一的技术，使得整个队伍，大约 20 名年轻人成了非凡的橄榄球运动员。我记得其中一两个还成了职业球员，而丹尼斯本人则继续在当时刚起步的英格兰女子橄榄球队执教。

我可举的另一例子发生在我的女儿身上。她三四岁的时候，有次不想上床睡觉，而是躺在地板上，整个身体完全放松。她的身体因"放轻松"了而变得非常沉重，以至于我和妻子两个人一起也几乎无法把她抱到楼上的卧室去。

当我们在精神上轻松时，我们的身体就会变得更加强壮。大家都听过令人难以置信的英雄故事，在这些故事里，人们会克服重重困难，突破本会阻止他们成功的身体限制。

我记得报纸上曾报道过一位年轻的母亲，她竟然能把小汽车的后备厢抬起来，从而解救了被困在车子底下的小孩。我相信大家都读过或听过类似的故事，在这些故事里，主人公通过绝对的决心，以及对身体力量超越性的运用，让不可能变成了可能。

我只能大胆猜测这些非凡之人内心在想什么。我们无法简单做出解释，但这些英雄都说了同样的话，那就是他们只在思考需要做的事情，然后就去做了。他们不关心自己如何或者为什么要做，在那个当下，他们完全专注于发生时需要做的事，然后就去做了，根本没有考虑身体的限制。

对我来说，"心态轻松"就是我处在心流状态中，我不能说那时我就成了超人，或者力量翻番了。除了自我的表现提高了之外，我也不觉得还有任何额外的益处。当然，我可以证明我有一些特别有价值的经历，当时我通过轻松的心态，获得了远超我最初能力的结果。

专注

当改善了自我控制和拥有了更高的自信水平时，达到的最后一个状态就是专注。同样，专注与心流密切相关，当我们完全专注于手头的任务时，我们的身心都会被任务的完成吸引。

我在工作坊做了一个被称为"不可弯曲的手臂"的练习来展示这一点。如果你想要练习，那你需要找另一个人协助你做这个练习。

具体做法是：两人一组（假设是 A 和 B）。练习的第一步是，A 站直，常用手先在身侧放松，然后小臂弯曲，与大臂形成直角，同时攥紧拳头，掌心向上，拳头对向身外。B 接着在保证安全的情况下，努力把

A 弯曲的手臂进一步向上折叠至肩部。B 只需要用一点力气就能做到这一点。特别是如果 B 两手齐上，一只手轻轻顶住 A 手肘的后面，另一只手轻轻抓 A 的手腕，这样就能创造一个运动的支点。

　　练习的第二步，A 被要求手掌打开平放，拇指在上，其他手指都伸直并指向身外。这时，要求 A 关注任意一个外部的参考点，可以是街对面的一扇窗户，或旁边田野中的一棵树。他们越专注于自身之外的事物，他们就会变得越强大，以至于几乎无法像之前那样弯折他们的手臂。

　　练习者通常想找出这么做有效的原因。大家认为，这种显著的变化可能有肌肉或身体方面的原因。据我所知，当我们全神贯注时，身体似乎根本不需要做出太多努力。

练习

　　中心 – 身心放松 – 心态轻松 – 专注。想象一个场景，你或许陷入了危险或失去了自控，比如，你感到疲惫、厌烦、困惑、生气、沮丧，甚至看起来有些可怜的某个情境。

1. 找到身体的中心，想象这个核心在体内逐渐扩大。

2. 围绕着核心做三到四次腹式呼吸，缓慢地吸进呼出，每次都尽量把肺下部填满。

3. 改变你的想法，让它从当前的问题、焦虑或挫折带来的沉重或负担中变得轻松和流畅。放下你目前正在脑海里冥思苦想的问题，或许会帮助你找到替代的方法。

4. 让你的注意力"穿过和超越"当前的问题和情境，投放到一个新的"参考点"，比如积极的结果。

* *

这些技术适用于我们生活中的所有领域。即使事情进展顺利，我们也可借此提升体验。如前所述，如果我们在困难情形下缺乏前进所必需的信心，这些技术也很有用。

这些方法虽然更多的是身体上的练习，但对我们的思维方式会产生深刻的影响，并帮助我们在需要时，甚至是身处危机时，有效地重塑大脑的工作方式。

每天你都可以在你身处的每一个情境中练习这些技术。用不了多久，你就会对自己的精通程度深感惊讶。

第 4 章

进阶课二：完善你的性情

Discover Your Emotional
Intelligence

Improve your personal and professional impact

什么是性情维度

性情维度与我们的内在品质有关，这些品质定义了我们的性格或自然呈现的做事方式。因此，我们的天性决定了他人对我们的看法，以及我们对某些行为或行动的自然倾向。

性情倾向包含：

- 情绪觉知；
- 信任力；
- 责任心。

你的维度反馈

使用你记录下来的 PEIP 测评结果中关于这个维度的平均分来查看相关反馈，以下我们分别从一至六级进行详述。

第一级：无情绪 - 无信任 - 无事业心

你看起来太悠闲懒散，经常表现出缺乏热情，或没有表现出完成工作的任何决心。你不会很好地向别人表达自己的情绪，使得人们很难完全理解你，这可能导致人们对你产生了负面的或不真实的看法。

第二级：保留 - 不信任 - 算计

你本性冷漠意味着你并不总能欣然地表达感受；有时，你对他人的需求和愿望只是表现出有限的兴趣、热情或大体的关注，这可能导致别人会直接责备你。

第三级：自尊 - 游离 - 适应

你悠然自得的生活方式展现出一种高自尊。然而，这或许会让他人失去了更好地了解你的机会。你可能会发现有时候你很难信任他人，哪怕你想获得帮助，你或许也更倾向自己动手。

第四级：风度 - 信任 - 留心

你的风度是一种关心他人的行为，你很可能会仔细考虑你的言行产生的影响，你也很关心他人。虽然你了解一些自己的情绪，但你可能并不总能捕捉到他人的感受，这么说是因为你需要时不时地确认他们的情况。

第五级：情绪 - 赋能 - 助人

你有兴趣了解自己的情绪是如何影响他人的。你会花时间去理解他人，乐于信任他们，并给予他人能使其成长和发展的任务。你会不遗余力地帮助和支持身边的人。

第六级：情绪知觉 - 值得信赖 - 认真

你对自己所建立的关系非常好奇；你寻求深刻或深入地理解自己和他人。你能游刃有余地为他人赋能，让他们可以发挥自己的最佳水平去工作。你在生活的各个方面都展现出勤奋和认真的态度。

在完善你的性情维度发展情商

情绪觉知

情绪觉知是一种识别出我们自己和周围人情绪的能力。根据某些理论，这里的情绪是指那些复杂情绪。"情绪是指某些状态会带来生理或心理的变化，进而影响行为。"

很多人在面对不同的内部或外部冲突时，经历过所谓的杏仁核劫持，这可能会导致恐惧、焦虑甚至压力。杏仁核劫持是丹尼尔·戈尔曼在 1996 年出版的《情商：为什么情商比智商更重要》一书中提出的一个术语。关于杏仁核劫持有一个完整的生物学解释。简单说就是，它被某个事件"吓坏了"，或严重反应过度。

在日常生活中，我们倾向于通过大脑皮层处理信息。大脑皮层属于我们管认知的"思考脑"的一部分，也是"逻辑"生发之处。大脑皮层再将信息传递给杏仁核——一个长成杏仁状的小器官，位于我们情绪脑的中心深处。有时，认知或思考脑会出现短路，信号会直接发送给情绪脑。当这种情况发生时，我们会立即产生与实际事件本身不相称的情绪崩溃反应。

一段时间后，信息会延迟传递到更高级的大脑区域，也就是执行逻辑和决策过程的区域，使我们意识到最初的情绪反应是不恰当的。为了弄清楚为什么会发生这种情况，我们可能要追溯到几千年前，并且考虑一个即时性的情绪反应在当时或许会达到不同目的。

想象一下，远古时期的我们正在长途跋涉为家人寻找食物，在采集食物时，碰巧遇到了一只饥肠辘辘的巨型食肉动物。

在那样的险境中，大脑需要迅速做出反应，它没时间去做一堆逻辑或者理性的思考。杏仁核会即刻接管大脑功能，然后使脑垂体（大脑底层）和肾上腺（肾脏顶部）向我们的全身释放出肾上腺素，从而产生我们所说的战斗或逃跑的反应。

如今，当我们需要外出寻找食物时，几乎不太可能碰上饥饿的食肉动物。但我们大概率会遇见在路上挡道的司机，甚至更有可能在选菜时遇到不尊重他人、把我们一掌推开的人。

我们能怎么办呢？知道什么是杏仁核劫持后，我们可以在可能引发大脑短路的实践中，保持对情绪的觉知，或者想到其他人的情绪崩溃或许是因为他们正在经历杏仁核劫持。

预防杏仁核劫持的有效方法是使用八秒原则。仅仅等待八秒，那些导致杏仁核劫持产生的大脑化学物质就会充分散开。回归到核心进行深呼吸，将注意力放到让我们愉悦的事情上，可以帮助我们预防杏仁核霸占大脑，引起极端情绪反应。

我们越是对自己的情绪有觉知，就越能选择做出那些能带来更积极结果的改变。有的人会把这种情绪觉知称为"正念"。英国牛津大学正念中心前主任马克·威廉姆斯（Mark Williams）教授就表示："正念意味着每时每刻都知道自己的内在和外在正在发生什么。"

当我们能更清楚地看到当下一刻，我们就会更好地理解自己以及我们对世界的影响。我们可以选择注意到那些最微小的事物，比如更轻的声音、不同的口味和气味，或者我们触摸的事物，比如我们进门时推开门把手的触觉。

通过对一天中的每一刻有更多的意识，并识别出那一刻的种种感受，我们会对那些理所当然的事物有新的体验。情绪觉知能帮助我们更好地享受周围世界，以及更好地了解自己。

有研究表明，情绪觉知能显著改善我们的心理健康；反过来说，它也往往会减少压力和焦虑。

我认为，情绪觉知仅仅与周围的外部环境调频是不够的，情绪觉知也要与我们的内在声音调频。倾听所有的错误想法，将增加一个新的认知层，从而使我们对当下有一个更深入的理解。

当我辅助有业务问题的人时，我经常会让他们详细描述引起他们担忧的问题。我让他们具体解释正在发生什么，然后鼓励他们利用全部主要感官，即他们的感受、他们听到和看到了什么来建构所有的答案。

例如，我可能会问："具体说说，这让你感觉如何？""你到底听到了什么？"或者"展开讲讲当时的具体情景是什么样的。"很多时候，这些问题会让当事人对现实中发生的事情有不同的看法，从而找出另一种方法或解决方案。变得更为正念，不仅仅是与情绪调频。正念的方法是考虑每个行动，以及我们或他人随后会做出的反应。

精通情绪觉知的一个很好的技巧是进行冥想。冥想是一个整体觉知的状态，它会帮助我们从更积极的角度看待生活的方方面面。

冥想过程中，我们不会试图阻断或管理想法或情绪，我们仅仅是不带评判地观察它们，并试图进一步了解它们。有的人也可能把这个过程称为自我启迪。许多人选择在一天中的特定时间进行冥想。他们会找到一个安静、舒服的空间，闭上眼睛，缓慢而有意识地深呼吸，直到他们开始感到更加放松。然后，他们可能会选择思考一个他们想要集中注意力的主题，在"不做评判"的同时，探索有关它的所有方面。

冥想的方式没有所谓对错，这是个人化的体验和选择。如果你希望在一开始获得更多的帮助，我相信你会找到许多想要探索的方向。我的个人偏好是每天醒来就开始练习冥想。我躺在床上，允许所有的思绪不经评判地在脑海中流过与汇合。有时候，这些思绪会变成新的创意、解决方法、变通的计划；有时候，它们则没有产生任何结论。重要的是这个过程，我可以坦率地说，我是在以积极的能量，更重要的是，在以开放的心态开启每一天。

冥想的目的是让我们在有需要的时候更加冷静并学会反思，从而在问题出现时，有效地将其转化为解决方案。

对大多数人来说，冥想是一个正在持续精进中的事情。我不是专家，和每个人一样，我仍然不时地会陷入焦虑的陷阱。然而，当我学习管理可能使我陷入焦虑的每一种情绪和想法时，我会更好地掌控那些消极观点，避免它们扰乱我有意识的思考进程。

练习

我希望你思考一个当前阻碍你前进的问题、情境或者情绪状态。

1. 把它写下来，并看着它。

2. 大声读出来，并且听一听你潜意识里最强调的一个或多个单词（可能是声音中的轻微变化，读这个词时声调提高，或在说出之前或之后进行停顿）。

3. 这些被强调的词语很可能与你当前的信念（我们自己设定的

许可或限制）有关，并可能给你带来麻烦。

4. 每次就集中想其中一个词。

5. 如果你感觉舒服，那请闭上眼睛，尝试看到你脑海中写下的这个词。

6. 把注意力集中在"穿过并超越"这个词上，让你的思想游荡，去它需要的方向，而不是试图控制或强迫它找到答案。

7. 缓慢而深入地呼吸，用腹式呼吸，慢慢放松，进入潜意识状态。

8. 注意到你产生的不同想法，注意呼吸，注意自己，并允许这个过程持续下去。

9. 当你睁开双眼（如果你之前闭上了），你或许会感到更加放松了，又或许会感到更有精神和活力了。

10. 你或许已经解决了这个问题或情境，抑或你又朝着这个目标迈进了一步。

11. 如果需要，重复步骤 1 到步骤 10，每次关注一个不同的单词。

做上述练习时，你会主动提升你的情绪觉知。你或许也将学会在冥想练习时采用前面成型的几步。当你进一步练习这些技巧时，你将会发现更个性化的方式和方法，实现更多的自我启迪，并肯定会实现更深层的放松。

注意：人和人是不同的，对我有用的，对你不一定有用。你或许需要找出与上述技巧有所不同的技巧。

重要的是，你要开始做"情绪觉知"。在通往终点的路上坐什么车不是关键，目的地本身最重要。

信任力

我相信无论是对个人、集体还是整个组织，信任都是在任何特定环境中定义情商的一个关键方面。

我们都知道"信任"一词多么重要，我们也知道缺失信任时是什么感觉。我们大脑的潜意识会记下一言一行，它会让我们知道他人是否值得信赖。

一个人的言行，加上他们的行为表现、反应、走动甚至呼吸的方式，共同塑造了信任。可以说，人类行为中的每一个元素都会发出强烈的信号，让我们知道能够多大程度上信任对方。

想想最近一次，你在与别人交谈，但对方没有直视你的眼睛。你对这个人感觉如何？你信任他吗？我们都知道，当我们尝试与某人交流，而对方却更愿意盯着手机、电脑屏幕，或者房间的某个地方时，我们的感受如何。当与这样的人谈话时，我们有时会感到很不舒服。

如果发生了这种事，那我们需要对他人的观点保持正念：是我辜负了他们的信任吗？还是他们被吓到了？或许是我说了什么话让他们感到不舒服？抑或是对方没有我那么自信？再或者他们对我所说的话不感兴趣？

注意：要知道在某些文化中，直接的眼神交流是不礼貌的，甚至对某些人来说，是极其粗鲁的。

不过，对西方世界的大部分人来说，缺少眼神交流通常意味着某人在逃避，举止粗俗，或可能在故意隐瞒一些事情。

想一想，你是否留意过高情商的人，他们一般会与你和他人自如地进行眼神交流？

试想一下，我们要去与一家汽车经销商的员工（一个小伙子）严肃地讨论一下关于我们新买的豪华轿车出现的问题。

如果接待处的那个小伙子看起来邋里邋遢，瘫坐在电脑前面的椅子上，双手托着后脑勺，甚至我们在问他问题的时候，他都不看我们。

我们会有多信任他能及时帮助我们解决问题？我相信大家会想到几种类似的情况，仅仅通过对方的表情、动作或肢体语言，就会觉得无法完全信任他们，更别说指望他们解决问题了。

想想过去那些让我们失望的人。尽管他们已经尝试说服我们相信他们会准时出现，但不管承诺了什么，结果他们都没有兑现。是否他们在之前已显示出一些可能不会兑现承诺的迹象？

线索很可能隐藏于他们的姿势、声调甚至动作中。然而，我们没有听到或看到，因为在那个当下，我们的情商不在线。

当我们真正存在于当下时，自然会捕捉到其他内容。这里的"内容"指的是每条信息的总和。这些内容都是我们需要保持正念面对他人所捕捉到的重要的行为信息。

几年前，我给自己设定了一个目标，就是尝试定义什么是信任，以及探求我该如何能帮助他人重视并发展信任力。通过很多研究和错误尝试，我最终找到了这样的解释：

$$信任力 = \frac{同理心 + 信誉度}{风险}$$

我来解释一下这是什么意思。信任存在于任何一段关系中，需要有足够的同理心和信誉度，并且取决于所涉及的风险水平。

换句话说，风险越高，就越需要建立更多的同理心和信誉度。比如，最近新认识的人想借 1 英镑 [1] 买个三明治当午餐，并且承诺明天归还。这时，如果你有钱，那会考虑借给对方吗？

如果这个人看起来不像是会赖账的，而我们正好喜欢对方，对他们有些粗浅的了解，1 英镑也不会给我们带来多大的财务损失，那么很多人都会同意。

现在，如果同一个人找你借 10 英镑，那你感觉如何？如果是 100 甚至 1000 英镑呢？即使我们有钱，也开始变得很难说"好"。随着风险增加，所需的信任水平也会增加。

现在设想同样的情境发生在我们认识并完全信任的人身上。如果我们能负担得起，我们准备借他们多少钱呢？

商业社会中，金融机构花大量时间和精力来管理风险，确保它们全面了解借贷双方真实的信誉度。我很好奇，如果它们多花一点精力去理解和共情他们的客户，它们是否会变得更加强大和充满活力？或许我应该把这个话题放在未来展开讨论。

我们每天都会对他人的可信度做出内部判断。然而，我们很少考虑如何让自己变得更加值得信赖。

---

① 1 英镑 ≈ 9.25 人民币。——译者注

当我们问自己这个问题时，会想："如果有更多的人信任我，那会对我和他们的生活产生什么影响？"或许，这会让我们成为更好的经理人或领导者；我们可能会赢得更多的订单；更多的人会来寻求我们的建议和指导；也许我们会在自己的角色和生活中变得更加真实。

无论答案如何，我们都可以变得更加可信，并信任他人。让我们往下再深究一下，尝试更好地理解信任，更重要的是理解如何变得值得信赖。

同理心是理解或感受他人所经历事情的能力，是一种将自己置于他人处境中的能力。我们或许可以考虑把同理心当作催化剂，使得一段关系能够顺畅并富有影响力。

信誉度包含了一个信息或消息源的主观与客观的可信程度。我们可以进一步把信誉度看作一个人具有的能力、知识或专业。

练习

找出一段你认为目前是有限的、很少的甚至没有信任的关系。仅基于以上两个定义来考虑这段关系，然后回答以下三个问题：

1. 这段关系里缺少哪些元素？

2. 你或者其他人可以采取哪些措施来改变或改善这一缺失？

3. 对此你可以采取什么行动？

更加被信任和信任他人，确实需要一个完全不同的视角。我们需要自己做些额外的努力，也需要更多地运用情商。

回顾你对上述问题的回答，并且问问自己，如果你的行为合乎道德、诚实并具有充足的情商指引，会发生什么。

想一想，与其站在道德制高点，认为缺乏信任是他人造成的，而非你的缘故，不妨换个视角，看到他人也只是在做自己。

换句话说，他们只是在做自己设定要做的事，认为自己的行为、有限的知识和能力在当下的情形中是表现得当的。

高情商的方式就是不要对他人有预设。相反，它要求我们去理解他人，就如同理解我们自己一样——充满了不完美。

在可能的情形下，我们需要去承认这一事实，或至少努力帮助他们去弥补这些问题，而不是变得居高临下或傲慢自大。

实现这一点的最佳方式是使用开放式提问，提出有助于消除我们预设的关于他人或情境的那些问题。

通过"倾听和理解"，我们会增进对情况的了解，也会帮助他们解决问题，因而可以有效地指导他人找到更好的解决方案。就像在教练技术中，秘诀就是提问，并让教练对象自己找到答案，而不是被告知结果。对我们来说，这是一项更具有挑战性的工作，而收益也将远超我们付出的努力。

我曾经共事过的最好的一位首席执行官会这么做，无论我们是在他的办公室，还是在电梯间，他都会问我一个新的开放式问题，来开启每一次的新对话。

"菲利普，XYZ 项目目前进展如何？"他或许会问。（这是有关我所管理的某个具体的业务领域。）

我回答完后，他会继续温和地提出更深层的问题："为什么我们不多做一些 X？"（这聚焦当前提议的行动。）

一旦我解释了这个问题，他会继续问："所以，你能做点什么来增加 Y 吗？"（这聚焦于替代的、可能的甚至激进的新方案。）

简单、实用又智慧。我每次与这位首席执行官会面时，我们之间的对话都非常简单，但又总能给我指出一些个人发展的方向，还有助于大幅提高部门的盈利能力。

责任心

我们可以把责任心理解为知道什么是对的，因而非常小心地行事。它也可能让我们表现出诚实、小心或谨慎的性格特质。有人可能还会补充说，它显示了人们勤奋、可靠和努力的特点。

相反，有的人或许认为有责任心的人是顽固分子、完美主义者、工作狂，甚至有强迫症。

无论我们同意哪方观点，都需要一些这样的特性。如果你觉得自己现在不具备这些特质，那我会帮助你更便捷地知道如何去获得。

我们越是倾向于激进和心血来潮，就越需要一种有责任心的、更深思熟虑的方式来获得平衡。

然而，我们不希望这种更谨慎的方式过于狭隘，以致阻碍创造力。这是我的很多客户面临的最严重的问题之一。这是一场分析与创造、谨慎与激进、深思熟虑与不假思索之间的斗争。

这些特质的阴与阳，尽显于商业、政治、社会团体和家庭中，它们甚至就发生在我们的思想中。我们独特的偏好就存在于左脑与右脑、分析脑与创造脑之间。

我们每时每刻所做的每一个选择都在转化为行动，并或多或少地需要一些负责分析或创造的神经元参与。虽然我们当中有的人更喜欢创新性的解决方案，但同样也可以使用系统性的方式解决问题；反之亦然。

然而，很多人选择不去考虑另一个潜在的平衡观点，因为我们已认同或设定自己更加偏向分析或者创造性，否认自己其实有更全面的平衡观点。

责任心可以在这两种常常冲突的思维过程之间创造一个合适的内部平衡，不让一方超越另一方。

对很多人来说，我们创造性或分析性的内部模式限制了自己，它限制了我们平衡其他可替代视角的能力，从而也可能局限了我们行动的结果。一个更有责任心的方式是在每一次制定新的行动方案前，都要充分调动大脑的两面性。

纠正这一问题的方法之一可能是从完全不同的角度考虑情况，这会帮助我们站在与我们完全相反的另一个角度去理解问题。

换句话说，如果我们很有创意，就需要找其他更擅长分析的人；如果我们倾向分析，就要找更有创意的人。然后，考虑他们的视角。对于这种情况，他们看到、听到并感受到了什么？他们可能会采取什么行动？与我们现行方法完全相反的是什么？

当我们用更有责任心的方式思考，我们怎样看待情境就会对结果产生怎样的重大影响。毫无疑问，哪怕最终没有找到替代方法，我们也已经运用了一个更为尽责的思考过程。

练习

你是更有创造力还是更具分析性？如果你从两个角度运用整个大脑来思考问题，而不是更偏重其中一方，你可能会有什么感觉？

使用有责任心的方式考虑当前的挑战或情境，然后想象你正在请三位你所欣赏的人来帮你一起解决问题。

- 理想情况下，先想到一个和你不一样的人。如果你是偏创造或者偏分析的，那么尝试找到一个相反的、不一样的，甚至比较极端的人。
- 你觉得他们会推荐什么？会建议你做什么？或者想象如果他们和你一样处于相同的情境，他们会怎么做来取得最好的结果？

第 5 章

进阶课三：自我管理

Discover Your Emotional
Intelligence

Improve your personal and professional impact

什么是自我管理

自我管理的维度通常描述了我们每个人如何对自己的行为和幸福负责。然而，在情商领域，它超越了这一定义，还包含我们如何管理自己与他人在日常生活中的关系。自我管理维度包括：

- 驱动；
- 承诺；
- 乐观。

你的维度反馈

使用你记录下来的 PEIP 测评结果中关于这个维度的平均分来查看相关反馈，以下我们分别从一至六级进行详述。

第一级：没有驱动－不投入－愤世嫉俗

你展现了一种孤立的自我管理方法，即你只在迫在眉睫或最后期限前才会承诺做一些事情来改善。有时你只是懒得做事，尤其当你陷入愤世嫉俗的状态时，这可能导致你做什么事都意兴阑珊，因而也缺乏成就感。

第二级：轻视－有所保留－消极

你看起来很小心，专注自我，你的消极态度表明你不怎么会被他人的需求或要求所困扰，所以别人对你也会有一些负面情绪。此外，虽然你或许会做计划，但计划里很少包括自己或他人要做的具体行动或承担的责任。

第三级：热情－投入－投机取巧

你表现出了投入及带点投机取巧的态度，以此展现对他人的高度承诺。你可能需要注意为自己和他人看到一个更大的图景，并准备好更多地调整自己的行为来适应情境或目标。

第四级：关注－平衡－乐观

你给予了生活中的任务和人际管理恰当的关注。你能很好地平衡对人和对事这两者的承诺。然而，你可能要给自己一个更加积极的心理结构，或许如同你已经给他人的那样。

第五级：可实现－致力－务实

你是可靠的、指望得上的，因为你完全理解在大多数情况下，什么是现实的和可实现的。你承诺致力于自己和他人的成功，你务实又勤奋地努力实现共同的目标。

第六级：被驱动－全力以赴－激励他人

你可能天生就很有创业精神，一旦某种新的可能激发了你的想象力，你就会全力以赴，不惜一切代价去实现它。你的能量和热情会激励很多人自愿跟随你。

在自我管理维度发展情商

驱动

要确定是什么在驱动着我们，我们可能需要考虑那些我们为了实现目标或仅仅满足某个特别需求而产生的先天的生理刺激或冲动。有时候，目标刺激如此巨大，以至于会消耗当事者。

想想特蕾莎修女这位诺贝尔奖得主的故事。1950年，她创立了慈善传教会，追求的目标是为贫困者提供生活必需品。该慈善机构后来在133个国家开展活动，并雇用了4500多名修女。

想想纳尔逊·曼德拉（Nelson Mandela）这位南非前总统，反种族隔离政策革命家、慈善家及被监禁27年的人，他所追求的愿景是南非黑人获得自由。

还有圣雄甘地，虽然他没有获得贝尔奖，但通过对真理和非暴力理想的纯粹追求，他成了"印度国父"。

所有这些人，以及更多我们所知的最杰出的人，都有一个共同点，那就是他们有超越个人的愿景或目标。纵观历史，也有过许多暴君、霸主和压迫者，他们似乎只是被自己的自私愿景所驱动，只想实现个体的某种具体需求。

我要在这里澄清一下，满足一个显而易见的需求和实现一个有价值的目标或一个更重要的愿景是有区别的。区别在于，需求往往是服务于个人，而目标或愿景应该是普世的。

我并不是在暗示大家应该设立远大的目标，该目标要对人类有深远的影响才行，尽管这样的目标也没错。我想倡导的是，如果只是把目标放在个人需求上，我们或许就不能获得那些促进人们实现目标的恰当驱动所带来的全部益处。

想象我们被这样的需求驱动着：只关注收入水平的提高和可能挣到更多的钱，于是我们格外努力，每天工作的时间超过在家的时间，工作时间超长，甚至打两份工。最终，我们的努力换来了更高的收入。

老板认可我们所做的贡献，给我们发放奖金或加薪。我们的确挣到了更多的钱，需求也得到了满足。

需求真的被满足了吗？接下来，我们要决定是继续给自己和家庭加压，以保持新的收入水平；还是回到从前的工作方式，这样压力会小很多。接下来会发生什么呢？我们决定选择更有挑战的选项，甚至某个因为我们格外努力而从中受益的人也会鼓励我们做出这样的选择，希望我们更加努力。

接着，我们感受到压力陡增，血压升高，潜在的心血管疾病风险增加。压力增加也会导致许多与焦虑相关的精神问题，而我们每天都能听到类似的报道。

然而，当我们把重点放在一个更大的目标上，比如提高家庭生活质量，那实现这一目标的驱动就会变得不同。这个更宽泛的目标需要包含的就不仅仅是资金需求了。它或许还包含其他的驱动或条件，比如给孩子或父母更多高质量的陪伴。

为了实现目标，我们可能会培训团队成员来分担一些我们的工作量，这样我们每周有那么几天就能早点下班。或许这也意味着我们需要学习新技能，来成为更有成效的管理者或团队成员，从而使团队里的每个人都能比自己单打独斗时贡献更大。

结果可能需要更长的时间才能实现，不过我们的收入和生活质量都提高了，也大大改善了所有相关人员的生活。

记住，目标越宽泛，我们实现它的机会就越多。要使一个目标真正有用，它就必须满足多重需求。因此，如果我们希望实现一个完整的愿景，那就必须确保其中既有相互关联的目标，又存在有意义的目标。

练习

1. 首先考虑一个有意义的目标，而不仅仅是一个明显的或当前的需求。比如，拥有更好的生活质量，而非只是赚更多的钱。

2. 识别出构成这一目标的个人驱动因素。

3. 确定这些驱动因素中，哪些只是个人受益的，哪些则是普世的。

4. 把只关注自我的那些驱动因素删除。

5. 将注意力放在每一个普世的驱动因素上，考虑这些因素可能如何发挥作用，你需要开始或停下做新的事情，以及你将如何实现它。

6. 问一问自己这一目标是否现实，是否可实现，并给出截止时间。如果以上任一问题的答案是否，那就从头开始。

7. 制订计划，识别出可执行的结果，并设定截止日期。

8. 着手去实现这一目标。

承诺

致力于一项事业甚至一个目标，这并不意味着我们对所选择的方向总有一个了不起的理由。

谈到承诺，我更喜欢将它类比为表现出非常忠诚和积极支持的意愿，从而对自身以外的人或事情采取积极的行动。

承诺不只是我们自己心里的想法，也需要被其他人看到和感受到。越是想对我们的目标和理想做出承诺，越是要将这样的承诺与他人分享，他人就越认同我们的想法，而成功的可能性也会大大增加。

问题是，一旦我们深陷对某个目标的承诺，可能最终就会四处宣扬理想而不能有效地推进实现。

我见过很多这类情况。某个团队的经理来参加我的工作坊，学到了一些新东西，然后他承诺要全力以赴地将其贯彻到工作中去。几周之后，我听说了这位经理回去做的第一件事就是召集团队成员开会，告诉他们新知识的妙处和益处，然后就期待他们自己去实践。

我经常引用一句话："领导力的第一原则就是冲在最前面。"换言之，不要期望其他人采用新的思维方式，而自己却不去做。

相比一个单纯的思想状态，承诺显然意味着更多：它需要行动、跟进和反馈。当我们做出承诺时，我们要向他人展现出一系列反映这一决心的行动。

想想上一次有人让我们感到失望时，是什么线索显示出他们并没有如我们一般做出承诺，朝向目标的？其实有许多微妙的迹象（情绪或肢体上的）都能表明，他们并没有完全致力于实现我们的想法或目标。

我们在对话中可以获得一些线索，内容可能包括（但不限于）以下部分或全部：

- 消极的语言模式——我们在对话中会听到"做不到、不应该、没有、不、但是"等这样的词语。
- 眼睛会说话——他们或许在点头，而眼睛在说"不"，因为他们不愿意和我们进行直接的对视。
- 眼睛微眯——眼睛稍微眯起来是一种本能的、普遍的攻击、愤怒或不顺从的表现。

注意：有些人选择这样做，可能是试图表明自己在思考，但这种方式通常会造成误解。

- 轻敲下巴——人们在决策过程中经常会轻敲下巴，这可能是在表明我在评判你，或者我并不相信你。
- 身体遮挡——把笔记本、手提包、纸张、杯子、手机以及其他任何东西放在身体或脸前面，暗示害羞或者抗拒。
- 摸脸——尤其是摸鼻子，暗示着欺骗，或者说话时捂住嘴，这通常是一种与说谎有关的姿势。
- 检视自己——看指甲或手表，或者从衣服上摘毛球，通常象征着不赞同某个想法或观念。
- 假笑——真笑会让眼角起皱纹，从而改变整个面部的表情。
- 向后靠——通常，一个人变得无聊或不感兴趣时，会远离说话的人。
- 双臂抱胸——一个本能的防御抵抗姿态，也可能是利己主义者的姿态。但要结合情境，有时人们可能是身体有问题；有时人们觉得放松和感兴趣也会双臂抱胸，因为这样感觉更舒服。

- 挠头——一种非常典型的怀疑或不确定的表现。
- 眨眼频率增加——心率加快和呼吸急促都是焦虑的早期迹象。
- 左右脚交替支撑体重——通常表明身体或心理不适。
- 摆弄衬衫或 T 恤的领子——通常与感到不舒服或者紧张有关。

注意：这些只是肢体语言的一般示例，不一定适用于所有的文化或环境背景。

当我们没有做出承诺时，潜意识里我们会通过自己的姿势、言语和行动向他人微妙地显露出某种迹象。对方情商越高，就越可能发现我们无法兑现承诺。

当我们开始在不同的情境下准确地观察自己和他人时，我们的能力就会显著提升，并能相应改变自己的行为举止。

练习

花点时间思考：当你与另一个人讨论时，你是如何显示自己的承诺的。

注意：谈话不一定要面对面，也可以打电话，或者通过网络交流。

- 当你想要全力做某件事时，你最可能使用的特定词语或短语是什么？反之呢？
- 当你做出承诺时，身体姿态是什么样的？手放在哪里，有什么动作？肩膀、眼睛、头和脚呈现出什么样的姿态呢？

- 当你不想做出任何承诺时，你是什么样的姿态呢？

- 当你表现出对某件事的承诺时，你会听到什么？当你完全不想承诺时，你会听到什么？请尽量客观地对待这个问题，因为我们很容易带着偏见去思考。

- 当你不想承诺做某件事时，你的感受如何呢？尝试列出所有的情绪状态，包含肢体的表现以及内心的体验。

- 你认为自己具体需要改变什么？

乐观

温斯顿·丘吉尔（Winston Churchill）曾说过，悲观主义者从每个机会中看到困难，而乐观主义者从每个困难中看到机会。我认为这句话有助于我们定义在乐观这个元素里讨论的内容。

我们都遇到过对这个世界持怀疑态度的人，他们看起来不太友善，似乎永远生活在悲观的状态中。他们反对、不赞成或批评每一个观点或任何变化，无论这事与他们自身是否直接相关。相比之下，我们也认识那些永远乐观的人，他们总是从每件事、每个人身上看到好的一面，无论情况如何。

要想知道为什么每个人会有不同的倾向，我们需要知道他们的大脑中到底发生了什么。伦敦的圣托马斯医院的蒂姆·斯佩克特（Tim Spector）教授对于为什么有人对待生活会比其他人更乐观进行了广泛的研究。他认为这件事部分归功于表观遗传学。

他的研究表明，性格方面的一半差异可以用基因来解释。在我们的一生中，位于海马体（大脑中部）的五个基因都会因为环境因素而发生改变、上调或下调（称为表观遗传学）。

斯佩克特表示，根据现有知识，"我们不能改变"这句话可以更新了。事实上，我们可以修正甚至控制我们基因里自带的那些行为。进一步的研究表明，身体健康、身心和谐与乐观之间存在着显著的相关性。耶鲁大学的贝卡·利维（Becca Levy）教授经过几年的研究得出结论，那些对变老最乐观的人比那些更悲观的人平均多活了大约七年半。

即使我们并非做研究的科学家，也可以充分认识和理解抑郁、焦虑和悲观情绪与我们身心健康的重要关系。在悲观态度给我们带来不利影响之前，我要指出，对某事持谨慎的态度与对此持怀疑或愤世嫉俗的态度是有很大区别的。

谨慎往往是基于良好的判断或慎重的考虑，而怀疑论者更有可能是质疑或怀疑他人的意见，愤世嫉俗者则会认为人们只是为了私利而行事。乐观和积极的心态会给我们带来显而易见的益处。

- 更好的身体——乐观会增强我们的免疫力。研究表明，悲观的人患传染病的次数是普通人的两倍，而因为其他问题去看医生的次数也是普通人的两倍。
- 改善人际关系——更好的情绪控制、更高的自尊和积极性都促进我们以乐观情绪去感染他人，从而产生了更好的人际关系。
- 更快乐的自己——积极的人会想象积极的结果，并自然地为之努力。当我们处于积极状态时，中枢神经系统和脑垂体会向大脑释放内啡肽，它可以作用于阿片受体，从而减轻疼痛，增加人们的愉悦感。

- 更好的应对机制——当处于积极心态时，我们会更快地做决定，减少内心的消极对话，勇于接受挑战并找到解决方案。
- 更高的绩效——乐观者似乎会更加努力地实现自己的目标，并通过消除身体或情绪的惰性来减少负面压力。

变得更加乐观，并不是打开大脑中的乐观开关那么简单，即使我们知道开关在哪里。它需要我们对自己如何度过自己人生的决定进行全面回顾和重新评估。我们可能要以终为始，思考像我们一样拥有独特技能和能力的人，如果更加乐观和自信，将会取得怎样的成就。然后，开始考虑我们目前可能会保留的方面，并留意我们的每一次对话，尤其留意那些始于我们脑海中的对话。

情绪效能的六个层级是我用来构成 PEIP 测评和本书内容的基础，每一个层级都与我们对找准方向、过上不错的精神生活的能力的内在信念水平有关。比如，高情绪效能使我们可以有效地处理颇有挑战的情绪。我们通过选择健康的应对机制来调节情绪，即我们选择用积极的行动来表达自己。相应地，当我们处于低情绪效能时，我们就可能陷入消极的、有害的和其他不良的行为反应模式。

练习

使用自己的六个情绪效能水平（在第二部分的开头），可能会帮助你解决任何可能会阻碍你发展出更乐观状态的或相互冲突的消极思想、言语和行动。

第 6 章

进阶课四：影响力

Discover Your Emotional
Intelligence

Improve your personal and professional impact

什么是影响力维度

影响力维度与我们影响某人行为、某事进展或某情境特征的能力直接相关。因此，影响力可以小到两人之间的亲密姿势，也可以大到全球性的事件。

影响力维度包括：

- 动力；
- 利用多样性；
- 政治觉悟。

你的维度反馈

使用你记录下来的 PEIP 测评中关于这个维度的平均分来查看相关反馈，以下我们分别从一至六级进行详述。

第一级：无动机 - 无觉知 - 脱节

你显得缺乏进取心，也缺乏对他人的认识及对人们之间异同的觉知。同时，你与商业和社会环境的现实脱节了。你可能已经预料到你所具有的影响力都被评为无效了。

第二级：易受影响 - 自满 - 居高临下

你可能容易受到他人的影响。你对自己或对已取得的成就盲目满足，这也导致你变得居高临下，表明你可能只有非常负面的影响力。

第三级：地位－尊重－务实

因为对你来说地位很重要，你对他人的尊重在一定程度上也打了折扣。在你的世界中，你对事物运作方式的务实认识也可能受到了地位的影响。结果就是，你的整体影响力可能相当有限。

第四级：支持－协作－通情达理

你为他人提供的支持值得称赞，而支持所带来的团队协作对于确保人们被公平对待和良好管理至关重要。你对于政治格局的广泛了解表明你具有足够的影响力。

第五级：激发－管理－说服

你拥有非常出色的能力，能够吸引和激发人们实现任何目标，同时还能有效管理团体或个人间的差异。这也是为何你的影响力水平可以说是非常有说服力的。

第六级：激励－包容－觉知

在生活中的各个方面，你对人类全部能力的觉知和整合，展现出了高度的个人动机和完全的灵活性，堪称典范。这也表明在影响力技能的维度，你就是权威，没有什么需要改进的了。

在影响力维度发展情商

动力

动力是内在冲动的合体，是那些使人采取行动、朝着目标前进或远离目标的想法。当我们遇到一个非常上进的、有影响力的人时，很容易因他们的热情而跟随。有影响力的人全力以赴实现目标时，可能非常具有感染力，以至于我们可能会放弃自己更加寻常的计划而去追随他们。

我们的动力并不总是稳定、持续甚至始终如一的。我们的心情、我们享受其中或并未享受的程度，以及我们日常生活的压力，都会影响我们的动力。我们如何获得足够的动力，然后如何日复一日地保持它，哪怕面对逆境亦能坚持，这是决定我们未来成败的最具挑战性的方面之一。

当我们的多巴胺水平升高时，我们的大脑就会产生动力。多巴胺是一种神经递质，有时被称为化学信使。它产生于我们的体内，在我们如何感受愉悦、如何思考、如何制订计划以及做出努力和表现出专注等方面发挥着作用。

我们沉迷于这种神奇的化学物质，它让我们感觉良好，所以我们越能复制积极体验，就越能融入其中。

在范德比尔特大学的一项研究中，大脑绘图被用于识别"积极进取者"和"懒惰者"大脑的某些特定部位的多巴胺水平。研究结果表明，在积极进取者的大脑中，负责奖励和激励部位的多巴胺水平更高。有趣的是，相比之下，在懒惰者的大脑中，与情绪和风险相关区域显示出了更高的多巴胺水平。

研究者得出的结论是，要理解动力的科学，就需要考虑大脑不同部位的多巴胺水平，以及它们如何影响人们快乐时、有压力时、痛苦时和丧失时的行为。多巴胺的缺乏会导致人们不太可能为某事而努力。

研究结果进一步显示，低水平的多巴胺也会导致兴致索然、拖延、睡眠不佳、过度无助感、动力下降，并可能导致抑郁。

有一些简单的技巧可以运用在生活中，来增加多巴胺水平，并确保它在正确的时机出现在大脑的正确部位，以发挥作用。

- 保持积极乐观能增加多巴胺水平。我们越是保持积极乐观，在艰难情境下，我们就越能释放出更多的多巴胺。
- 设定切合实际并可逐步实现的目标，有助于人体持续释放多巴胺到大脑的前额叶皮层部分——负责奖励和动机的地方。
- 进行清晰、积极的内心对话会减少前扣带皮层中的多巴胺受体，从而减少与风险和不确定性相关的负面情绪，并在前额叶皮层中分泌更多的多巴胺。
- 制订可靠计划并坚持执行，庆祝成功并正向地承认失败，都会大大提高多巴胺水平。
- 减少糖分摄入，因为糖会中断多巴胺的产生，进而直接改变我们大脑的化学反应。减少我们从糖分摄入中感受到的暂时的"爽"，我们从多巴胺中获得的长期的"爽"就会增加。
- 保持对目标的专注也会提高多巴胺水平。定期回顾，以确保我们走在正确的轨道上，并为我们的每一次成功积极地奖励自己。
- 快乐有助于身体释放一股积极的内啡肽和神经递质，它们会增加大脑中的多巴胺和阿片受体，让我们感到充满活力和喜悦！

激励他人

激励他人要首先从驱动自己开始。如果你没有进取心，那你就不能指望别人有。记住："领导力的第一原则就是冲在最前面。"

我记不清有多少次听到经理们指示团队成员做很多事情来完成一个不可能实现的目标，而他们自己显然没有动力去实现这个目标。

如果最初的目标太大而无法实现，请将其分解为一小步一小步的、可管理的步骤，然后与整个团队一起讨论"我们"作为一个集体，如何让每一步都起效。

与团队中的每一位成员一起庆祝成功，而不仅是与那些朝着目标已经迈出一步的人。在实现每一个新的里程碑时，整个团队所体验到的更高水平的多巴胺将强化每个人的体验，并使得应对下一个挑战变得更容易。

长此以往，终将硕果累累，因为团队里的每一位成员都将在实现最终目标的过程中唤起更高水平的责任感，拥有更强的主人翁精神。

练习

花点时间反思你目前的动机是什么，它是如何表现出来的，以及你可能需要关注哪些因素，才能让它更好地为你所用并惠及他人。

确定一个现实的、可记录的、短期的、具体的目标，并制订你实现目标的计划。要勇敢，但不要不切实际，给自己设定一个可达到的时间范围，并做出标记，以衡量你在每个阶段的进展。奖励自己，这会提升你的多巴胺水平，帮助你更快地实现更大的目标。

利用多样性

人们会想象，在这个多元文化的、媒体盛行的世界，我们对整个人类社会广泛的、令人难以置信的多样性已经有了很好的认识。我们也愿意相信，那些对年龄、性别、种族、文化或宗教怀有偏见并产生问题的旧时代已经不复存在了。

遗憾的是，情况并非如此。由于性别、宗教、社会、种族、性取向、社会经济地位、年龄、身体条件、政治，以及我可能没列举的其他偏好，我们的社会中仍然存在着种族虐待和隔离，或者亚文化之间的不和谐。只需打开电视，我们就能听到和看到最新的有关种族或民族偏见的故事。然而，在这些报道背后，不仅仅有肤色或种族的问题。比如，因为这类偏好，当任何被剥夺权利的"少数"民族被选中报道时，也意味着那些归属于"大多数"的人就被隔离在外，不受关注。

同样地，在许多大公司招聘员工的标准流程中，对于那些饱受质疑的行为，我们又该怎么看呢？比如，应聘者需要回答诸如"你的父母是否上过大学"等问题。这在我看来，只是给了应聘者一个信号，那就是如果你的父母没上过大学，那么我们对你的申请就不会感兴趣。我相信你读到这里，也会认同这一点。

此外，还有人因为年龄而不被雇用，因为招聘的组织更喜欢要经验少或基本为零的聪明的年轻人，而不是拥有丰富经验、能力更强并几经考验的中年人，像这样从未被报道过的故事还有很多。

偏好决定了我们是谁，以及与谁在一起时我们会感到舒服。但如果我们愿意接受"所有人都是不一样的"这个观点，那么作为人类的一员，我们就要挑战这些偏好。在我们谴责或宽恕那些对任何形式的包容都怀有恶意的人之前，我们首先必须努力去理解为什么在人类社会之初并没有世界大同的说法。

让我们回看史前文明时期人类的大脑，思考一下当时人类的大脑皮层之下在发生着什么，以及为什么有的人没有其他人更有包容心。

我们初遇某人时，就会对其做出一些假设，而且通常我们都没有意识到自己正在这样做。大脑会使用这些第一印象来产生偏好，我们最喜欢的人通常是最像我们的人。这些偏好会继续塑造我们对这个人的判断以及采取的行动。

大脑天生就容易使我们与看起来相似的人建立联结，这些相似的特征可能包括种族、肤色、宗教、性别，或其他不违背我们现行偏好的特点。无论我们是否喜欢，都受到了隐性偏见的影响，即当我们遇到和自己隐性偏好有所不同的人时，我们可能会自动激活一种有意识的或潜意识的偏见。

之所以出现这种情况，主要是源于部落心态，这意味着不同群体的成员可以通过拥有明显的、熟悉的、家庭的、文化的或种族的身份相互区分开。毫无疑问，这样做可以保护部落不受任何真实或感知到的威胁的影响。

如今我们面临的问题是如何消除与我们不同的人和潜在威胁之间的联系。我们对其他人的假设是防御机制的一部分，正如我们已经讨论过的那样，它在当代社会已经不适用了。

我们可以通过将想法转换为问题来最小化这些假设的影响。换句话说，我们不是假设"已经知道"，而是可以提出开放性问题，引发一种"想要理解"的状态，从而改变我们的偏好。

这种方法增加了双方的参与度，它消除了任何先入为主的想法，并且鼓励搭建包容性的框架，使双方以合作互利的方式前进。

我们听到的许多与多样性和包容性有关的问题，都是由于一方并没有认真彻底地去理解另一方的独特观点或偏好。一方甚至两方都做了假设，于是史前大脑很快就会介入，随之而来的部落心态就会制造出不和谐。

如今，我们比以往任何时候都更需要多样性。我们通过使用多种多样的方法来帮助我们合理解释这个不断变化的世界，而这需要借助更多样化的技能、不同年龄的人、各方面的知识和经验，以及各种能力。其中很多能力很可能不属于我们现有的部落意识，我们需要在传统的舒适区之外去找寻它们，并鼓励所有社区成员参与。

练习

回想一个情境，你可能更倾向坚持使用部落理论或者一套偏好组合来排外，而不是包容更多的人。想一想，如果从更广的视角提出更多开放性问题，你会发现哪些其他的替代方法？

阅读我在第 8 章 "进阶课六：培养他人" 里提及的内容，即如何做开放式提问的技术，或许会有所帮助；此外，你还可以问自己以下这些问题：

- 当前偏好如何影响了你与熟人之间的关系？
- 当前偏好如何影响了你与其他人发展新关系？
- 当前偏好如何影响了你与自己的关系？

- 你特别需要在哪些偏好上努力？
- 你打算什么时候采取行动？

不论这会让你多么不舒服，我都鼓励你更进一步，即考虑你无意识的偏见和偏好如何影响了你工作和生活的方方面面。最终，你将不再是导致某个问题长期存在的不公正偏见中的一员。

. . . .

政治觉悟

政治不可避免地会发生在所有的群体中，与群体的规模和目的无关。

具有政治觉悟是指对形成群体文化中的更微妙的那些影响有更深入的了解，也许可以运用这些知识帮助我们引导这个群体达到互惠互利的结果。

当政治在其中运行良好时，会在群体的表面之下创造出团结一致的合力，帮助群体维持前进的路径，走向最终目标。

当政治运行不良，隐秘的意图、优柔寡断、不确定性和挫折就会造成动荡和混乱，最终导致群体中部分甚至全部成员离开。

因此，政治觉悟很容易被视为一种以权谋私的力量，肆无忌惮的个体可能利用组织政治以操控他人实现个人选择的目标。但政治觉悟也可以是善的力量，如果智慧地运用，它可以帮助整个组织的所有人都实现自己的最大潜力。

例如，"在这儿是怎么把事做成的"，这句话有助于理解系统内部为什么会有阻力，而不是去寻找一个捷径，这个捷径可能只是暂时对实现我们的个人意图有帮助。

政治觉悟不仅仅是个人的选择，也成了越来越重要的工具，帮助我们辨别为什么事情进展顺利；或者当运作不良时，我们需要关注什么。

变得更有政治觉悟，是指要能领会到人们的言外之意，看到他们的行为表现。它鼓励我们在提出新的行动方案时，要捕捉到不满者表现出的微妙迹象，并知道何时采取恰当的步骤来帮助、鼓励和支持这些人。

具有政治觉悟的一个重要方面是不要有任何隐秘的意图。如果我们必须有一个意图，那就是需要惠及全体，并可以与每个人分享。

想象一下，我们管理的团队中某些人有隐秘的意图。他们想取代我们，无论他们是否有能力做这份工作。

假如不能识别出这些人在暗中行动想要诋毁我们的迹象，那么数月之后，当团队里的某个好心人终于告诉我们发生了什么事时，我们可能会感到极度震惊。这就如同野马脱缰，我们想力挽狂澜，却为时已晚。

如果我们能捕捉到团队动力中非常微妙的变化，比如行为上的微小变化，或者一些值得信赖的人不愿直视我们，那无疑是非常好的。又或者，当我们进入或离开房间时，我们听到了他人对话中的只言片语，或词语的突然切换。这样我们就能及时发现潜在的问题，迅速从源头消灭危险的苗头。

毫无疑问，作为具有政治觉悟的领导者，我们还可以通过开放式谈话来鼓励员工畅想自己在团队里的未来。假以时日，如果可能的话，你将与他们一起制订计划来帮助他们实现目标，或者至少设立与他们潜力一致的目标。

政治觉悟就是情商始终在线。能够解读、识别和理解人类行为的微妙起伏，无疑对我们生活的方方面面都有好处。

练习

- 你目前的政治觉悟如何？你的政治觉悟对你周围的人有何影响？
- 你可能会开始做哪些不同的事情，以便更加适应更为广阔的组织、社会和政治环境？
- 在你的工作或生活中，存在什么样的政治趋向，暗示了表象之下存在的问题？
- 你将如何着手解决这些问题？

第 7 章

进阶课五：改善利益相关者关系

Discover Your Emotional

Intelligence

Improve your personal and professional impact

什么是利益相关者

利益相关者是那些会被你的所作所为直接影响的人，他们可能是家人或者工作中的同事。利益相关者管理维度主要是指与那些影响我们生活各个方面的人保持关系的持续过程。

采取恰当的、对他人有意义的方式（不一定对我们有意义），与这些利益相关者中的每一位进行有效沟通，这是至关重要的。这样就可以确保他们继续充分参与并支持我们努力工作或生活。

利益相关者管理维度包括：

- 对利益相关者的见解；
- 以利益相关者为导向；
- 利益相关者参与。

你的维度反馈

使用你记录下来的 PEIP 测评中关于这个维度的平均分来查看相关反馈，以下我们分别从一至六级进行详述。

第一级：不清晰 - 受限的 - 未参与

你不清楚谁是你的利益相关者。你或许对他们的具体需要和愿望也知之甚少，几乎没有参与其中。沟通双方都感到一定程度的忧虑。

第二级：假设－知识－挑战

你将利益相关者的参与建立在一系列假设的基础上，这些假设势必导致你对利益相关者的具体需求不甚了解，很可能导致你的许多重要关系变得很有挑战性，并可能被看作是流于表面的。

第三级：有差距－不灵活－宽泛

尽管你可能认为自己管理利益相关者的水平还不错，但实际上或许你对他们的需求所知有限。因为如果无法以灵活的方式去确定个人的、具体的、当前的或未来的需求，你就可能无法充分适应他们当前的情况。

第四级：全方面－适应－了解

你对利益相关者有全方位的洞察，你适应了他们的一些不断变化的要求，并在一定程度上了解他们的情况。

第五级：评估－回应－顺应

在许多情形下，你保持着对利益相关者需求的觉察，你会花时间评估他们各个方面的独特需求，并通过有效地回应每一个新情境来不断努力顺应他们的需求。

第六级：洞察－直觉－改善

你不断寻求机会来调动利益相关者，因为你对他们的实际需求有着高度的洞察力。你运用良好的直觉来指导、塑造并不断改善和发展关系。

在利益相关者维度发展情商

对利益相关者的见解

你是我的利益相关者之一。你买了我的书，这使你成了我所做工作的一部分，无论你是个人客户、商业客户、朋友、同事、合伙人、我的家庭成员，还是我的出版商，你都是我的利益相关者。

在促成我的写作和商业成功中，利益相关者占据很重要的一部分。所以，你对我来说很重要！

我怎么看待你，对于我如何写文章是至关重要的。如果我的写作方式与我对你的见解不一致，就会给双方都带来损害。

你可能会对这本书不感兴趣，甚至会把它扔到一边，向别人说起来时，只会警告他们别花冤枉钱。就这样，我把你从利益相关者转变成了我的反对者。但我对你的见解是，你天生充满好奇心，你想改善自己的生活，甚至期望因此成为一个更好的人。

你很可能着迷于人类思想的力量；你认为，如果能和他人有效地合作，很可能就会对周围世界产生持久而积极的影响。此外，你或许会因为有人说你需要提升对情绪的觉知而阅读这本书。

我是怎么知道这一切的呢？答案就是我们花了很多时间来组织材料编写这本书，使之可以吸引我所说的这类人。如果我对你的看法是错的，那么我们就都错了，你买错了书，而我完全是写给另外的人看的！

我们对利益相关者的见解应当会影响所有人的决策和行为，而不仅仅是我们的客户的。只有当我们的见解是基于假设的，缺乏对真相的了解，或仅以相关及支持性信息做基础时，上述说法才值得商榷。

见解是我们看待、解释和理解事物的方式，通常要调动我们的五感，以及第六种感官——"直觉"，如果我们足够幸运能发展出敏锐直觉的话。假设通常与事实或陈述相关，无需任何证据即可被认为是真实或准确的。

试着将"对利益相关者的见解"转变成"对利益相关者的假设"。这样我们或许就理解了为什么会产生那么多代价高昂的营销和商业错误。它或许也能让我们了解为什么当我们让一些利益相关者（比如我们的老板、团队成员、朋友、家庭成员），以及任何与我们所做事情有利害关系的人参与计划时，有时候他们会不按计划行事。

仅仅将假设转变成见解，就会让我们对正在发生的情况有所警觉。这会确保我们可以做出修正，并为参与各方带来一个更积极的结果。比如，你的老板要求你写一份关于如何降低某部门员工流动率的报告。想到这是一个内容丰富并值得探讨的话题，你就备感兴奋。尤其是在该部门面临的压力越来越大，老板又要求在减员基础上增加工作量时。

与团队中留下来的一些资深员工谈话后，你推测员工离职的主要原因是工资水平低，或者离职人员的性格不适合在该部门工作。

根据所做出的假设，你得出的结论是"应该提高整个团队的薪资水平，并且团队所有成员都应该参与招聘流程"。

你把这一切都写下来，准备向经理汇报，同时期待着因自己的出色工作而获得表扬。然而，你期待的事情并没有发生。在你还没坐下来准备陈述报告时，经理就问了你一个直截了当的问题："你与多少位离职者进行了交谈？"

如果你与一些离职者交谈过，那你可能会得到一份非常不同的报告。因为离职者的感受是，虽然工资水平较低，但公司提供的福利待遇很好，足以弥补低工资的不足。

离职者的另一个看法是，团队中的一些老员工很懒惰，经常将额外的工作强派给新员工或者资历浅的员工，这样他们就可以早下班，有更多的时间去社交了。

服务利益相关者比追求卓越更重要，这是获得商业成功的关键要素之一。如果我们只关注假设，就会继续犯错，甚至付出昂贵的代价。

这意味着我们需要与利益相关者直接对话，如果不可行，那至少要确保我们的见解是基于某些现实依据的基础之上的。

练习

1. 对你最重要的利益相关者之一，你已经做出了哪些假设？（注意，假设是一种理所当然的提议，没有任何现实依据，或事实基础。）

2. 你对他们的实际愿望和需求有什么见解？

3. 你的假设和见解之间有什么差异？

4. 为了开始做一些不同的事情，你需要获得什么样的支持？

以利益相关者为导向

以利益相关者为导向描述的是一种社会责任的模式，在这种模式下，我们的行动方式、行为举止和所做的决定都符合所有利益相关者的最大利益。

虽然很多人认同事情总是知易行难，但我们也得承认每个人其实都想做正确的事。问题在于我们的"自我"挡了道。换句话说就是，在考虑其他人的愿望之前，我们总是倾向于先关注自己的愿望。

我的第二条领导力原则是："以他人为中心，而不是以自己为中心。"顺便说一句，这也适用于销售、市场营销、公关、人力资源、财务及几乎所有的人类活动，包括养育。

我们都见识过自私自利的人，他们不关心任何人或事，他们的人生观就是占尽便宜、贪得无厌。我们也可能认识那些愿意自我牺牲的人，他们会真诚地放弃一切来帮助他人。这种行为虽然值得称赞，但可能导致他们无家可归，一贫如洗。

当然，我们需要在服务自我和牺牲自我之间取得平衡，这就是在以利益相关者为导向中我想关注的重点。

看待这个主题的方式之一是与你所做的事情有利害关系的每个人都是利益相关者，包括你自己。要将他人的需求和愿望与你的需求和愿望协调整合，通常就会带来问题。我们可以找个典型的例子来谈谈为什么这可能会产生冲突。

你的老板要你熬夜帮她写一份明天一大早要在董事会宣读的汇报材料。老板极少向你提出这类要求，看得出她承受了相当大的压力，肯定不像她以往处事看起来那般轻松，所以这次董事会意义重大。

问题是，你早就安排好与一位老友聚会，他只待一天，然后就要飞回南非。三年前他们全家就已经移民南非了。

难题摆在你面前，你两个都想要：帮老板一把，兼会见老友。更麻烦的是，你还联系不上朋友，而老板正在等你的答复。

此时你怎么办？这类情况在生活中比比皆是，而我们通常必须立刻做决定，这意味着相关方中总有一方我们会顾不上。

真是这样吗？在以上情境里，你可以使用四个有用的工具来考量，即"见解""诚实""创造力"及"妥协"。那你怎么才能找到那个又能帮到老板，又能准时与老友见面的有利位置呢？

1. 在排除任何假设后，你基于事实的对利益相关者的见解是什么？

2. 对和你打交道的利益相关者保持诚实，向他们解释你遇到的困难。

3. 请他们帮你找到对彼此都有帮助的创造性解决方案。

4. 随时准备好妥协。

练习

设想一个场景，你或许最终不得不让至少一位你的利益相关者失望。

- 这让你有什么感觉？请具体描述一下。

- 你可以做什么来改善这种情况？
- 你需要关注哪些方面才能向前推进？

利益相关者参与

平衡每个利益相关者，包括我们自己的需求和愿望，只是这场战役的一部分。

自我管理最难做的是确保我们无论面对哪一位利益相关者，都能以同样的方式，始终如一，日复一日地呈现自我。

首先要清除我们的假设，用我们对每种情况的事实见解来取代假设，然后消除那个我们可能无意创建的关于自己的角色，留出一个可以让关系不断演化的、干净又开放的空间。

"角色"是一个很难处理的问题，尤其我们在生活扮演着多重角色。我是指我们所有人在生活的不同部分都以不同的面貌示人。

我们在孩子面前，与在伴侣面前的行为举止是不同的。我们在工作中的行为方式，与在个人社交时的行为方式很可能也是不同的。

确保我们在人生的不同角色中都能保持一致的简单规则是，根据情况去调整适应，但保持内核不变。如果我们的本性随着每次互动而改变，那么其他人很可能认为我们是不真诚的、古怪的，或是完全不值得信任的。

因此，当务之急是让我们的内核保持良好的状态，可以始终诚实地映照出我们是谁，我们想要成为谁。

我们的内核，即我们本质上是谁，源自我们独特的价值观、原则和信念。它应该是我们的道德指南针，指引我们穿过必然不可预知的人生道路。

一旦我们确定了方向或道路，那么就需要在某个情境中根据动态变化灵活调整我们的行为举止，并适应情境。

如果过于拘泥道德指南针，而不调整行为来纠正路径，那将不可避免地将我们引向错误的方向。

让我们以航海打个比方。想象一下，我们正乘坐一艘小游艇，从英格兰南海岸的朴次茅斯起航，横跨英吉利海峡前往法国的勒阿弗尔。我们通过在合适的海图上标出一条朴次茅斯和勒阿弗尔之间的航线来设定航向。然后，将罗盘方位 149.06° 作为我们的航向，或需要行进的方向。根据平均航速预估，我们将在傍晚时分到达勒阿弗尔。于是，船只起航。

几小时后，天色将晚，虽然罗盘还是指向 149.06°，我们的平均速度也正如预期，但眼前并没有出现大陆。

午夜降临，在一片漆黑之中，我们饥寒交迫，陆地仍毫无踪影。尽管我们仍在使用相同的罗盘方位，但已经完全迷路了，需要通过游艇的无线电呼救！

现在，试想我们换个航程，前往同样的目的地。这一次，我们考虑到了变化的风向和潮汐对实际行进方向的影响和作用，便定期在海图上标记进度，不断对方位进行小幅调整。这样我们就能根据持续更新的指南针，驾驶船只驶向勒阿弗尔。

大家不必是经验丰富的水手就可以理解这两种方式之间的区别。第一种方式是过于固执地关注固定航线或行进方向，从而错过了最终目的地，这很可能会导致灾难。

第二种方式是聚焦在目的地，然后根据外部的变化来调整行进方向，量身定制旅程，以适应我们遇到的任何环境或周围环境。

利益相关者的参与就是这样的，确保我们聚焦在目的地，而不是旅行的方向上。换句话说，通过不懈追求我们的任何一个目标，利益相关者会得到支持，而不是感到失望。这样就能确保各方都能享受到一场互惠互利的旅程，得到共同期待的结果。

想象一下，如果我们将前进之路设定为通往"取悦"每一个利益相关者的目的地，那将是多么有力量的征途！

当我们向后一步，让每一次与利益相关者的互动都是围绕他们而非我们展开，并且展示出我们真诚的心愿——取悦他们，我们就会意识到花更多时间来真正了解利益相关者的每个独特需求是多么有必要。

练习

详细写下你如何为每个利益相关者设定新的目的地。确定你最初的标题，然后准备好调整你的方法以适应环境或利益相关者行为上的变化。

第 8 章

进阶课六：培养他人

Discover Your Emotional
Intelligence

Improve your personal and professional impact

培养他人是什么意思

培养他人维度涉及我们每个人作为父母、朋友、管理者，以及有时作为专业的培训师或教练，不时会进行的人类活动。

在情商方面培养他人，并不仅仅是与他人分享我们的专业和知识，而是需要比这个更加深入。因为我们需要先充分了解他人，才有资格成为他们发展进程中的一部分。

培养他人维度包括：

- 理解他人；
- 培养他人；
- 教练技能。

你的维度反馈

使用你记录下来的 PEIP 测评中关于这个维度的平均分来查看相关反馈，以下我们分别从一至六级进行详述。

第一级：不全面 – 不参与 – 不感兴趣

你可能与人们缺乏情感联结，以至于不能了解每个人特殊的发展要求。这将导致你要么根本没有参与到他们的发展中，要么就是对此不感兴趣。很不幸，你培养他人的方法也无法鼓舞人心。

第二级：告知－指导－教导

你喜欢告诉别人该做什么，你喜欢指导别人哪些是对的，哪些是错的，你可以自如地在你的专业或兴趣领域教导别人并感到很自在。但这种命令与控制的方法有个问题，就是听者会视其为单向交流，而很快就会对所谈主题失去兴趣，或不抱幻想。

第三级：倾听－支持－成长

你会认真地倾听他人，然后才会就最佳行动方案提出建议，并支持人们完成改变。虽然有些情况下可以帮到别人，但并不总是能引导人们开始有助于自我成长的学习。人们是通过实践来学习的，而不仅仅是听讲。

第四级：参与－引导－辅导

你会花时间充分理解他人；你会倾听，让人们充分参与，然后根据每个人的情况引导他们取得正确的结果。通常这都是非常实用且有益的，但给予辅导就是分享你的专业知识，不是完全专注于培养他们自身的能力。

第五级：解决方案－促使－教练

你通过积极倾听、使用开放式的提问技能可以巧妙地指导人们找到问题并解决它，促使他们自主决定要学习和发展的路径，并引导他们取得更好的结果。

第六级：咨询－赋能－启迪

通过使用鼓舞人心的对话技巧，并结合强大的开放式提问和精心打磨的咨询方法，你把教练行为提升到了新的水平。你给他人赋能，让他们茁壮成长、发展和壮大，让他们朝着自己的目标前行。

在培养他人维度发展情商

理解他人

在我们对自己有充分了解之前就想要深入研究人性的复杂，这可不是一般的棘手。面对现实吧，我们在理解自己头脑中发生的思维过程时，就已经遇到了足够多的麻烦，更不要说去理解其他人脑袋里飘来飞去、心血来潮的成千上万个冲动念头了。

当我们将这些冲动念头与复杂的语言、看法和身体行为相结合，然后叠加上诸如倾向、性情、态度、个性或个人喜好等因素时，我们才会意识到摆在面前的是怎样的挑战。

人人生而不同

如果我们可以从理解他人的角度出发，就会更少做出那些可能妨碍我们获得准确知识的假设，这些假设会使我们无法得出符合现实的理解。

相比去理解每一个独特的个体，我们频繁而自如地把一个人归类为某类人、某种行为或某种性格。没错，大家都是这么干的。我们把自己所见、所闻或所感中确定的有限信息汇集到一起，然后立即在脑海中将这些信息汇总并指向某一类人。

这就是人性，或许也是我们过时的部落心态所遗留的另一个缺陷，我们觉得有必要将一个人合理化地归为一个与我们个人相关或不相关的类别。这种落后的思维方式带来的问题是，在 A 类人或 B 类人这样黑白分明的心理刻印之间，可能还有一片不容忽视的灰色区域。

麦克·罗奇格西（Geshe Michael Roach）[1] 在其卓越的著作《能断金刚》（*The Diamond Cutter*）中这样解释"潜藏的可能性"：

> 我们看到，首先，任何事物都有潜藏的可能性，就是一种关于它是什么的易变性。我们遇到的任何一个人都不会完全是令人恼火的，总会有某个人觉得这个人还挺有魅力的。无论这个人看起来如何，这些看法都不是来自他们自身。那这种看法从何而来呢？显然，它来自我们自身，来自我们自己的想法。

与其对别人做出假设，还不如去寻找对方身上潜藏的可能性，甚至我们也可能会开始意识到自己身上所潜藏的真正可能性。

上一章我谈到了假设和见解的区别，在这一章我们需要考虑的是要确保这些见解是精准的，并且仍然是有效的。

验证我们见解的唯一方法是详细询问。这意味着要为了对方而非自己去了解他。要做到这一点，我们需要挑战自己的见解；我们需要确定这些见解是否有效，即使在法庭上也站得住脚。

如果我们真诚而充满热情地想要了解另一个人，了解他们潜藏的可能性，那这并不难做到。当别人问我们一些平淡无奇的问题，而又表

---

① 格西，汉语意译为"善知识"，为藏传佛教格鲁派僧侣经过长期的修学而获得的一种宗教学位，相当于文化教育的博士。——译者注

现得对我们的回答完全不感兴趣时，我们都知道自己是什么感觉。

为了充分获得对他人的了解，我们需要进行恰当的对话，即那些有来有回的真正的对话。任何一位成功做到这点的人都会承认，这往往意味着听比说要多得多；这也意味着对话要以对方为中心，而不是我们。

对他人好奇，只需要提出开放性的问题，并在提出下一个最好与答案有关的问题之前，完整地倾听他们的回答。

这本应该是自然而然的，然而对我们中的一些人来说，这可能颇具挑战性，尤其是当我们迫切地试图将对话引向我们的目标，而不是他们的目标时。

练习

选出一个你相当了解的人，然后开始一场发现之旅，通过开放式提问的对话来发现他们潜藏的可能性。你最初可以使用的问题路径可能是：

1. 你对自己当前角色的哪些方面特别满意？然后根据回答，继续提问；

2. 你角色中的特别之处是如何体现其重要性的？然后根据回答，继续提问；

3. 你可能会如何运用这些特别之处来进一步帮助自己？然后，根据回答，继续提问……

培养他人

并不是所有人都需要成为有资质的培训师才能培养他人，绝不是这样的。我曾经接受过的一些最好的培训来自朋友、家人、同事或老板，他们在培训师这一特定领域并没有超出常人的水平。

对于任何想要培养他人的人来说，我给你的最好的建议就是扮演协助者的角色。或者换个方式说，扮演某人曾经对我描述过的"身边的向导"，而非"台上的圣人"。

我们要让自己不再成为学习者注意力的中心，这样能使他们专注于任务和学习本身，而不是我们。然后，我们可以尽可能使用开放式提问和支持性对话，来帮忙指导他们完成任一职责或活动。

要以"他们"为中心——我知道我说过多次了，但这是情商的重点。如果我们只关注自己，就不可能有情商。

靠听讲来学习的传统方式已经落后了。我们早已明白，除非讲述者有超凡脱俗的独角戏表演能力，以得到我们足够长的注意力，来让他们输出要教授的内容，否则我们的注意力更容易集中到其他更令人兴奋的事情上。

虽然我们已经知道这一事实，即相对于接受指导，人们通过反复试错，可以更快地学习，然而我们还是会退回到传教士似的布道和教学思维定式里去。

如果我们只是告诉孩子们该如何走路，他们将永远学不会走路。他们必须亲身体验，这意味着他们在大脑中发展着神经通路，以确保他们获得平衡，同时将正确的脉冲信号在合适的时间传导到正确的肌群里。

我们学习的过程一生不变。当我们学习新事物时，就会建立新的神经通路；一旦这些通路在练习中被尝试和检验，它就会从有意识的思考过程进化到下意识的过程。

我们学习如何驾驶机动车就是个例子。开始学习时，我们必须有意识地积极思考每一个动作，比如看后视镜、注意路标和进行操作。然而，驾驶一段时间后，我们就很少再需要去考虑这些已经成为"下意识"的行为或过程。

只有当我们需要忘却一些东西，以便学习或重新学习新东西时，才会出现问题。这个过程与在电脑上删除文件，并用新文件替换是不同的。

因为我们必须切换大脑里的神经通路，这些通路通常在同步运转；过去习得的行为或许已经进化为下意识的过程，而新的路径还在我们意识层面的学习思维过程中。

正如很多学校老师表明的那样，我们如何学习也是基于"挑战 vs本领"的简单模型。如果"挑战"低而"本领"高，那么大脑就会感到无聊和受挫；如果"挑战"高而"本领"不够，那么大脑就会变得很有压力。

请记住这一点，我们自己能够很快掌握一个技能，并不意味着其他人也可以很容易做到，因为他们或许不具备和我们一样的身体和精神上的敏捷程度。

最好的学习方式是确保挑战和本领在一个相对的平衡状态，如图8-1 所示，这最终会成为一种心流状态。这也可以用于描述潜在的情

况，通过有意识地觉知到学习者的不同行为，我们可以识别出他们情绪
状态的各种变化。

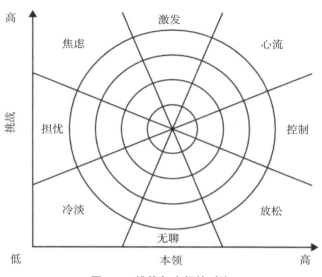

图 8-1 挑战与本领的对比

练习

对照图 8-1 中的情绪状态，想想你学习新任务时，希望自己是
什么样的状态？

1. 通过有效平衡挑战和本领，你可以学到什么？

2. 你能意识到需要做哪些不同的事情？

3. 这会怎样帮助你在未来学得更好或更快？

教练技能

我所遇到的最好的教练之一是我当年乘火车去伦敦的途中碰到的。我坐在一节拥挤的车厢里，对面是一位年轻的母亲和她五岁的女儿。

那个小女孩，就叫她安娜贝尔吧，当时正坐在靠窗的座位上一边给一张圣诞老人的图片涂色，一边和她妈妈对话：

妈妈："安娜贝尔，这张图片真好看。上面的这个人是谁呀？"

安娜贝尔："哦，是圣诞老人。"

妈妈："那圣诞老人正在做什么呢？"

安娜贝尔："他正在学习如何写字。"

妈妈："你是怎么知道他在学写字的？"

安娜贝尔："因为他拿笔的手都错了。"

妈妈："他在用哪只手呢？"

安娜贝尔："他用的是右手。"

妈妈："那他该用哪只手啊？"

安娜贝尔："他应该用左手啊，和我一样。"

妈妈："哦，原来如此。那我写字用的是哪只手呢？"

安娜贝尔："唔，你用的是另外那只手。"

妈妈："为什么我用的是右手呢？"

安娜贝尔："唔，因为你更喜欢用右手。"

妈妈："你觉得圣诞老人会喜欢用哪只手呢？"

安娜贝尔："唔，圣诞老人也更喜欢用他的右手。"

妈妈："你觉得圣诞老人在写什么？"

安娜贝尔："他在为经常使用左手的人写一本书！"

这是个简单、精致又绝佳的指导例子。妈妈本可以轻松地告诉女儿什么是左利手和右利手，但她想要安娜贝尔自己去理解和搞明白这件事。

这几乎完全概括了指导他人的含义。指导就是提出开放性问题的艺术，促使对方能自己找到正确的解决方案或者答案。

如果我们进入一段教练对话，就已经提前决定好了对话结果，尝试操控对方朝向目标，那就不是指导。

指导他人是一个协作过程，我们使用问题和他们自己的回答，帮助他们创建一个自身的内在思考体系，一种可能不同的做事和理解方式。

为什么教练技能比简单给指令的效果要好得多？生物物理学能给出答案。如前所述，新的神经通路在最终嵌入我们的潜意识之前，需要先在大脑中被建立和经历测试。

我们无法在外部建立这些新通路，它们必须是自我诱发的，并与现有的思维过程有关联，或者至少在我们练习和经历之后二者要产生关联。

如果我们打算进行一场教练式对话，我有一个很好的建议，那就是要预留足够的时间，让这场对话结束时有成果。最糟糕的情况就是不得不将这个话题拖到另一个时段才结束，因为到另一个时段时，原对话里的基本线索就已经过时了。

留意外在的物理环境。即使我们觉得办公室已经非常舒服了，但对于坐在办公桌另一端看向我们的人来说，他依然可能会感到压抑。

尽管坐到别人的办公桌旁，以及和他们坐在一边可能也一样有用，但很多教练都会建议最好坐得离对方近一点，保持大约45度的视角。

其实离开办公的场景，一起在公园里漫步可能会比在会议室里被迫对谈更有益。我甚至曾向一位教练建议，我们出去开车兜兜风，然后找个安静（中立）的地方，舒适地坐下来谈话。

没有什么是对的或者错的地点。这一切都是为了确保双方都感到舒适，并能进行一场不被打断的流畅对话。

不要评判对方，如果我们在评判，就无法进行指导。如果我们相信某事是对的或错的，我们就不会把我们的意见强加给对方，而这并无必要。保留我们的想法并探索他们的信念，效果就会好得多。

我们需要确保教练对话尽可能流畅。我们可以使用开放式提问。我在第11章"提问"一节中详述了提问的逻辑层次，这是一个开启谈话的好办法。然而，这并不意味着我们要建立一个严谨的结构才能工作。

在谈话的每个阶段，要让对方清楚地总结这一段谈话的内容，从而得出一个符合逻辑的结论，这是一个很好的举措。这可以进一步让他们制订行动计划来指导前进的方向。

为了促成这个过程，可以问类似下面这样的问题：

- 你需要额外做点什么不同的事情来促成这件事？
- 你如何确保这是有效的？
- 你可以联系谁，来让这项工作顺利进行？
- 你要什么时候做这件事？

- 你如何确保自己在正轨上？
- 你觉得这个新的行动方案如何？
- 你接下来要做的最重要的事是什么？

练习

使用本章的信息和下面详列的标题，为某个人的个人发展计划创建大纲。这个人可以来自你的工作团队，或家庭成员，比如员工、同事、朋友或家人。它甚至可以是你自己的发展计划。

个人发展计划

建议你使用下面这类标题。设定目标——尽可能详细地定义目标。

1. 这个人目前的优势是什么？

2. 为达到目标，需要发展的领域有哪些？你如何确定这些是准确的？

3. 可能存在哪些技能或知识上的差距？

4. 创建行动——时间、地点、方式以及理由。

5. 确定可实现的时间表。

6. 具体说说，你将如何通过定期的及时复盘来跟进？

第 9 章

进阶课七：培育共情

Discover Your Emotional
Intelligence

Improve your personal and professional impact

什么是共情维度

共情维度是指我们识别、解读、理解和分担他人情绪的能力。

共情维度包括：

- 尊重；
- 融洽；
- 适应性行为。

你的维度反馈

使用你记录下来的 PEIP 测评中关于这个维度的平均分来查看相关反馈，以下我们分别从一至六级进行详述。

第一级：不尊重 – 不同意 – 死板

你对他人表现出的漠不关心或冷漠，再加上你对他们的生硬态度，很可能会使他们对你的想法和建议产生不同意见，或是不愿意配合。

第二级：固执己见 – 敌对 – 居高临下

因为你的固执己见，以及可能因此隐含的对他人的居高临下的姿态，你将不可避免地发现周围总是充满敌意。人们可能更愿意和你划清界限，这可能也是你觉得有必要先与他们脱离关系的原因。

第三级：承认－舒适－同理心

通过承认他人的优势、舒适地与他人打交道，以及发展对他人一定程度的同理心，你可以与他人达成一定程度的一致。然而，这或许还伴随着稍显过度的自我关注，以及对外关注的不足。

第四级：看重－模仿－适应

你很快与人建立起融洽的关系，因为你重视对方，你很乐意模仿他们的沟通方式。最重要的是，你会调整自己的风格以适应他们。

第五级：尊重－参与－灵活

你自然地表现出亲和力，你可以自如地生发并展现出对他人的尊重。你能创建一种灵活又成熟的方式来解决问题，并鼓励他人在本职工作中超越自我。

第六级：谦逊－直觉－协同

你建立了和谐的人际关系，因为你与他人相处时，非常谦逊。通过让你的直觉来指导和塑造沟通的氛围，你一定会为他人创造出一个协同共进、发展绽放的环境。

在共情维度发展情商

尊重

在我的成长过程中，我母亲经常提醒我："重要的不是你说了什么，而是你说话的方式。"

虽然我仍然认同这个原则，但在现代的沟通中，除了沟通的方式，我认为我们也要更多考虑到实际的遣词造句。

不要想九这个数字！那你为什么脑子里想了？原因很简单，可能是我们大脑潜意识里没有认出"不要"这个词，尽管我们都理解这个词。如果我们正在做什么事，而另一个人却说"不要那样做"，我们会停下并至少问问为什么。

然而，将"不要"与其他不同的指令联系起来，它就可以变成自我暗示。想象这样一个场景，每当一个七岁男孩犯了个小错时，我们就说"不要犯傻"。如果我们日复一日地继续这么说，持续好几年，你觉得等他长到十几岁时，在他身上会发生什么？

他是更可能成为很有能力的人，还是他会自认为是个很傻的人？不幸的是，他很有可能会成为一个低自尊的人，做什么都缺乏自信，而且可能他其实很有能力，但这个男孩或许仍然相信自己很愚蠢。

然而，令我惊讶的是，有很多家长甚至老师，在尝试教育和培养他们的孩子时会使用负面词汇。想象一下，与其说"不要犯傻"，家长或老师还不如用"聪明点""动动脑筋"，甚至"明智点"这样的词汇来替代。

如果在成长过程中，这个男孩接受的更多的是"赋能"而不是"失能"的交流，那他是不是更可能会成为一个更加全面、自信、更有能力的青少年呢？

让我们回想一下自己的童年，所有帮助塑造我们的话语都是特意选择的、积极的，基于情感的，并且完全致力于让我们绽放与成长的吗？

我必须得说，如果真是这样，那我们也只是全世界所有人口当中很小的一撮人。哪怕在自己的家庭中，我们在沟通不畅这方面也是有过错的。

我一生中大部分时间都在与这些被早期环境影响的成年人打交道，他们的自我极大地受到了早期环境的影响。这会导致他们处于低自尊的水平，表现得不够自信。这种情况比你能想象的还要多。

当我们在正确的时间和场合，选择用合适的词语交流，我们就在展现什么叫作尊重他人的权益、感受和渴望。那种"尊严是靠自己挣来的"说法早就过时了。尊重应该是默认的，它就应该是我们彼此交流时的基础。然而，令人遗憾的是，情况并非总是如此。

我们可以通过自己使用的词语、语气、声调以及我们对他人的提前预设或者自认为的他们的不完美之处来轻易地表现出对另一个人的不尊重。

"我也许不同意你的说法，但我完全尊重你这样说的理由"，这句话阐述了关于尊重的正确思考方式。表示尊重，就是表示接纳，无论我们的想法有何不同，都要允许另一个人发出自己的声音。

练习

大约 1875 年，英国作家刘易斯·卡罗尔（Lewis Carroll）写了一首荒诞诗《猎鲨记》（*The Hunting of The Snark*）。故事中的 Snark（蛇鲨）是一种神话中的生物，可能是基于另一本他更早创作的荒诞诗作品《贾巴沃克》（*Jabberwocky*，作者自创词）。顺便说一句，贾巴沃克这一角色后来也出现在《爱丽丝镜中奇遇记》（*Through the Looking-glass and What Alice Found There*）中。

找一张白纸，只使用一支铅笔或钢笔来定义和设计一只 Snark 吧！

大声念出 Snark，然后让你的想象力驰骋，尽情享受吧。没有什么好坏，你只需要创建你自己的 Snark 版本，并在你的纸上画出 Snark 的样子。

你画好了吗？很可惜我看不到你的画。在不同的小组里做同样的练习，我知道在 85% 的情况下，人们会选择根据这个词的发音来创造他们的神话生物。

· ·

通常，结果都不是个令人愉悦的生物：它常常有尖刺，有锋利的牙齿，而且可能是一种看起来很邪恶的动物。

你为什么这么创造它？原因是基于两种类型的条件：第一个条件是词语 "Snark" 听起来就是个 "带刺儿" 的词。它听起来刺耳，或许是因为它是以 K 结尾的。第二个条件与蛇（snake）及鲨鱼（shark）这两个词组合在一起的象征意义有关。在我们的潜意识深处，这对我们来说已经具有内在含义了，这两个动物通常被看作是危险的。

少数人（15%）认为这个名字并不带刺儿，或者也没有将蛇或鲨鱼当作危险的前置条件，所以可能会创造一个看起来更友善或柔软的生物。

当我写下这个练习时，我是不是想故意试着影响你？回顾看看我是如何写的，想想它是如何影响你的决策方法的。

在刚才那种情形里，我尊重你吗？尽管我不想让你误会我，但我或许没有做到尊重。我只是想展示去施加影响是多么容易，我们可以通过选择使用的词语来显示对他人的无礼。

每一天，我们都在没有预先想好的情况下说话做事，甚至更糟的是，我们预先想好了要使用特定的词语来引出恰当或不恰当的反应，因为这对我们来说有利。

让我们再回到主题，讨论一下日常使用的正面或负面的单词或短语。下面的表 9-1 显示了我们在前面介绍的六种情绪效能水平。它能更好地帮助你了解我们的语言，或者更准确地说，让你明白我们所使用的词语是如何影响情绪效能水平的。

注意，这个表格展示的不是每个级别或标题下的最终单词列表。虽然乍一看有点不自然，但当与特定的"以人为中心"的水平相关时，它确实有助于勾勒出词语导致的差异。

表 9-1 　　　　　情绪效能的六个层级中典型用词的说明

层级	1	2	3	4	5	6
名称	对抗	但是	一起	和谐	赋能	精通
中心意图	我	你	你我	我们	他们	所有人
每个层级的典型用词	不要	将要	可以	团队	做	成为
	不能	没有	应该	给	鼓励	团结
	不可以	必须	有	帮助	能够	其他人
	不会	告知	将要	共担	嘱咐	总是
	否认	错误	也许	交换	信任	无私
	从不	很糟	可能	创造	选项	开放

续前表

层级	1	2	3	4	5	6
名称	对抗	但是	一起	和谐	赋能	精通
中心意图	我	你	你我	我们	他们	所有人
每个层级的典型用词	没有	差的	做	培育	可能性	共担
	限制	否认	许可	能够	代表	保证
	取消	拒绝	容许	共情	想法	关心
	失败	可怕	好的	参与	创造	善良
	坏的	傻的	聪明的	鼓励	有价值	尊重
	不行，但是	是的，但是	是的，而且	是的，一起	是的，我们如何	好的

练习

想想你最常使用的具体词语包括哪些，并想想这些词是如何引发他人好或坏的情绪状态的。

例如，如果你倾向在句子开头使用"是的，但是"这个词，那就可能会让对方认为你怀疑他们，或是他们的诚信。

现在请回答以下问题：

- 根据表 9-1 所示，你目前使用最多的词汇是哪一级？
- 这与你的 PEIP 测评相比如何？
- 在将来你会尝试避免使用哪些词？为什么要避免使用它们？
- 你如何评估和复盘这些改变？
- 为了在所有的互动中保持积极状态，你需要关注哪些词语？

融洽

我很喜欢这个想法，即融洽的关系是两个或更多人之间的协同实体，它使信息和知识能够看似毫不费力地传递。

虽然这一开始似乎让我们难以理解，但与另一个人建立真正融洽的关系是生活中最大的乐趣和礼物之一。它刺激着我们的大脑和心脏，出色地融合了我们的感性与理性的神经系统。

当我们融洽相处时，会有意无意地参与其中。我们所有的情绪感觉都被增强了，以至于我们会下意识地反映另一个人身体呈现的各个方面。

一个很好的例子就是，当我们坐在酒吧或者餐厅里与朋友或同事深入交流时，我们完全没有意识到自己全然是在模仿对方。

我们会有相似的姿势，使用同一个声调，或许还会同时拿起饮料，抑或一起突如其来地微笑或大笑。如果我们选择足够专注，或许还会发现我们的呼吸频率趋同，而且很可能会同时眨眼。

当我们第一次有意识地注意到发生在自己和他人身上的镜映（mirroring）效应时，会感觉有点奇怪。我很确信可以把这些用于发展融洽关系的镜像功能归因于我们在第6章讨论过的部落意识。

我们都喜欢被人喜欢，认为变得和他人一样会更受欢迎！

如果在一个社交环境中长时间观察某些小孩，我们就会看到他们微妙地模仿着身边的成年人。这就是他们学习社交互动的方式——下意识地模仿他人的动作、面部表情、手势，有时甚至是他人的言语。

大脑的新皮层会处理这些新的、微妙的行为。一段时间后，我们就会自己去尝试运用它们，并且进一步练习或完全忽略它们。

就像其他学习一样，当我们感知到与我们相关的那些新的行为或表达时，它们就会进入我们的潜意识中。然后，它们就会形成潜意识反应的一部分，在我们未来的社会互动过程中表现出来。

因为这些社会行为往往会非常微妙，它们很容易被我们误解，并可能导致我们做出错误的回应。通过镜映来有意识地建立融洽关系是一种技巧，很多非常成功的领导者、经理、人力资源、销售和其他与人打交道的人在过去几十年中都在实践。

有些人发现，有意识地刻意模仿镜映挺有挑战性的。尽管潜意识里的镜映对他们来说是一件很自然的事。

为了让这件事变得更容易，我们可以想象我们好几年没骑自行车后，又要重新学习如何骑自行车。当然，我们一开始会犯一些小错，然而一旦神经通路重新被完全连接起来，我们很快就能学会骑行。

另一个建立融洽关系的好办法是想象我们与对方谈话时，自己处于对方的位置。我们可能会注意到他们当前的姿势或立场。

注意他们的语言，甚至尝试听到他们使用的词语间的间隔，这将帮助我们与他们调频，并确保我们有意识地与他们保持同步。

作为一个个体，对他们保持好奇，有助于我们围绕他们，而不是自己进行对话。

对双方来说，建立融洽的关系应该是一件不费力气的事情。如果不是这样，那我们可能就是用力过度了，会让对方感到我们正在极力成为他们最好的新朋友！

建立融洽的关系需要足够的时间，因为关系不总是一下子就能深入的。记住，放松和微笑，做你自己，真诚又真实，不久之后，你也会从对方那里得到类似的回应。

练习

下次你在进行深入对话时，要特意更多地感知对方。

观察他们如何开始镜映你的动作或姿势。

认真感受他们的动作、声调、音高和语速，在对话中的适当节点，温和地点头表示同意，然后观察并看看他们是否会开始镜映你。

适应性行为

从情商的角度，让我们和他人开始充分融入环境，以追求最大的成功和最小的冲突，这就是适应性行为的全部意义。

一天中，我们会有多少次发现自己和他人没有去调整行为以适应环境，更别说去适应环境中的所有人了？

答案是太过频繁了！我们都会犯错，要么太循规蹈矩，要么太执着于我们的那些偏好或信念——认为事情就应该如何，而不管对错。结果，在面对挑战时，我没有准备好去调整我们的行为。

让我们先来探讨为什么我们可能无意中建立了一些偏好，看看是否可以放下其中任何一个以帮助我们调整行为。

10 世纪 70 年代，创建了神经语言程序的理查德·班德勒（Richard Bandler）和约翰·格林德（John Grinder）识别出了一个基于我们"表征系统"的模型，该模型表明我们有基于自己偏好的感官视角来处理信息的倾向。

- 视觉型的人更喜欢使用视觉相关的语言语境，比如，他们看到了什么，他们如何通过颜色描述事物或通过花样来描述图片，他们如何用视觉词汇，如看起来、察看、关注、想象、观看、明亮、开放或透明。
- 听觉型的人偏好使用听觉相关的语言语境，比如他们听到了什么，什么东西对他们来说听起来怎么样，他们会使用诸如以下的听觉型词汇：倾听、听到、提到、询问、讨论、听起来、调频、嗓音、说和评论。
- 动觉型的人更喜欢使用与动觉相关的语言语境，比如他们对事物感觉如何，他们可能会使用诸如感觉、触觉、健壮、虚弱、印象、热、冷、放松和强迫等词汇。

表征系统还有另一个元素被称为"动觉对话"，它处理的是我们的内在逻辑、我们对事物产生的感觉，以及与自己对话的方法。

我们将专注于三个感觉视角，即视觉、听觉和动觉（Visual, Auditory, and Kinaesthetic，VAK）。为此，我们将把身体和感官的感觉都合并到动觉去，也就是 K 之内。

人们日常使用的词汇非常准确地反映了他们偏好的感官。比如，有人说"我看出你的意思了"，那么他们认识世界很有可能就偏好使用视觉做内在表征。

同样，如果有人说"听起来我们可能需要做点别的事情"，那这很可能表明他们认识世界的偏好是使用听觉做内在表征。

然而，如果有人说"我感觉我们应该做点什么"，那么很可能他们认识世界更多的是使用动觉作为内在表征。

我们需要识别这些不同，因为我们可以调整自己的语言去适应它们，而不是只坚持自己的偏好。

想象一个可能发生的对话，在这个对话中，一方使用与另一方不同的偏好，这就能很好地理解为什么会有那么多失败的沟通。

下面是一段典型的可能会发生的商务对话：

约翰："你好，山姆。我听说你的订单出问题了。"

山姆："是啊，没错，约翰。看起来你并没有我需要的库存。"

约翰："听起来你在订购的时候，信息可能是错的，因为我们的主要产品都没有短缺。"

山姆："我看明白了。是这样的，我对着产品目录查过一遍订单数量，数量看起来没错。"

约翰："听我说，山姆。如果你填入的数量正确，那么你现在肯定就没有麻烦了，不是吗？"

山姆："如果你查看了我发送的订单，并对照产品目录重查一遍，你会看到我的信息都是一致的。"

约翰："我会去给订单执行组的人提这件事，等他们答复我，我就来找你。"

我确信你已经明白这场对白从开始就让人感到多么尴尬，它当然不代表着优质的客户服务。所以让我们再来一次，这次约翰会在语言上镜映山姆，看看会发生什么。

约翰："你好，山姆，我看到你的订单出问题了。"

山姆："是的，没错，约翰。看来你并没有我需要的库存。"

约翰："看起来你好像在订购时输错了信息，因为我们的主要产品都没有短缺。"

山姆："我看明白了。是这样的，我对着产品目录查过一遍订单数量，数量看起来没错。"

约翰："我们一起看看你预订了什么。"

山姆："如果你查看了我发送的订单，并对照产品目录重查，你会看到我的信息都是一致的。"

约翰："你是对的，它看起来没问题。我会给订单执行组的人分享这则信息，然后回来告诉你他们的想法。希望我们可以看出如何解决这件事。"

这两个对话相似，但第二个听起来更流畅，并且很容易就导向了一个可能的结果以确保不会丢失客户，并且他们心情都不错。

"视线获取线索"是另一个可能识别出一个人表征偏好的方式，虽然这一理论还在验证中，没有已被证实的科学依据。然而，当我们运用偏好的表征系统来对某件事进行思考时，我们的眼睛就会看向特定的方向。

下面的图 9-1 展示了它是如何运作的，正如你所注意到的那样，它是基于惯用右手的人。在过去和未来的视角上，左利手有时与右利手是相反的。

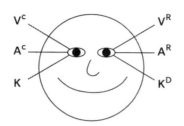

图 9–1　视线获取线索图

对于有正常条理的右利手，V^C= 视觉建构，V^R= 视觉记忆（眼睛向上凝视且不转动 = 视觉获取）；A^C= 听觉建构，A^R= 听觉记忆（眼睛居中凝视且不转动 = 听觉获取）；K= 动觉，K^D= 动觉对话（眼睛向下凝视且不转动 = 动觉获取）。

练习

运用这个模型，想想自己的偏好。它或许会帮助你留意到当你大声回答以下问题时，你的眼睛会转向哪儿。

"你在哪里长大的？"

在回答时，你的眼睛会看向左边或右边，不管是上面、中间还是下面。很可能你看向的这一边代表着你过去的偏好，而相反方向代表你未来的偏好。而你的眼睛是看上面、中间还是下面，也将帮助你确定你是更偏好视觉、听觉还是动觉。

第 10 章

进阶课八：提高信誉

Discover Your Emotional
Intelligence

Improve your personal and professional impact

什么是提高声誉

信誉维度既包括知识和技能等客观成分，也包括诚实、可靠、态度和能力等主观成分。

信誉维度包括：

- 诚信；
- 能力；
- 知识。

你的维度反馈

使用你记录下来的 PEIP 测评中关于这个维度的平均分来查看相关反馈，以下我们分别从一至六级进行详述。

第一级：不诚实 - 无技能 - 不确定

你缺乏道德观念，再加上其他人感觉你能力有限，可能会让他们觉得你不诚实。你可能不会惊讶于为什么其他人或许会认为你多少有些不确定性，并且状态不够明晰。

第二级：分裂 - 不切实际 - 不可能

在任何不切实际的能力上，如果你的诚信水平显得忽高忽低，波动太大，那你可能会被认为是分裂的。毫无疑问，这会让人们感觉你整体的信誉是不太可信的。

第三级：有信誉的－能做到－知识

你的信誉站得住脚，这意味着你表现出了一个良好的诚信水平。毫无疑问，你知识渊博，但因为在特定情形下你表现出的自信水平，他人或许还是会对你的能力表现出一些担忧。

第四级：诚信－能力－可信赖

你表现出了诚信，拥有合适的能力，人们相信你会完成工作。唯一不足的或许是你还不足够相信自己，这可能会让他人对你的信誉评价是"值得称赞的"。

第五级：诚实－专业－好奇

你的信誉水平是可靠的。你展现了高度的诚实，在与他人打交道时，你非常专业。你会好奇如何找到新的方式去改善和提升自己及他人。

第六级：可靠－谦逊－行家

你是一个真实的人，人们很容易依靠你，因为你用一种低调的、不带预设甚至谦逊的方式来输出自己丰富的专业知识。

在提高声誉维度发展情商

诚信

诚信有两个含义：第一个是有着强烈道德原则的诚实；第二个是完整或未分割的状态。

我认为需要把这两个含义结合起来，并且把它们与我们的内在和外在的情绪参照点相联系，确保我们在生活的方方面面行事保持一致。

最大的问题是，生活会给我们出难题，我们需要做出妥协，有时这些妥协会挑战我们的诚信。想象这样一种情况，你或许在寻机出售房产，然后另买一套改善型的房子。你已经在合适的位置找到了一套理想的房产，而且价格还非常合适。

房地产经纪人过来评估你现有的房产，当他和你一起四处走动时，问起了你的邻居怎么样。你并不喜欢这些邻居。你认为他们非常粗鲁，总是咄咄逼人，还很吵闹。邻居们认为大晚上开着音响，放着嘈杂的音乐没什么大不了的，尤其是在夏天的几个月里，他们几乎每晚都在室外娱乐。

你如何诚实地回答房产经纪人的问题？如果预知某个特定的结果可能会对财务状况或工作机会产生直接的影响，有的人或许会牺牲诚信。毕竟，这关系到生意！

生活中，这类对诚信的挑战总是会时不时地出现。我们如何运用诚信处理这些事，决定了我们情商的高低。

我经常遇到人们诉说自己面临的问题，在他们所说的这些情境里，他们本人并没有什么过失，但却要在诚信受到质疑的老板手下或者机构里干活。他们只能在自己信仰和价值观的道德框架之外，勉力行事。

在诚信方面做出任何妥协肯定会导致相关的一方或多方出现恶意，这就是问题所在。

我还记得小时候听过一个小故事，一位老农民把自己的 10 个孩子叫到一起，告诉他们为了决定谁能继承农场，他要给所有人一个挑战。

他给了每个人一粒玉米种子，告诉他们种到花盆里，并培育100天，获得最好收成的人就可以继承农场。

所有的孩子都种下了种子，不久以后，除了一个花盆，其他所有花盆里都长出了小芽。种子没发芽的盆是他女儿伊莎贝拉的，尽管她每天都浇水照料，但到100天结束时，她仍然没有种出一棵植物可以拿给父亲看。

当其他所有兄弟带着他们收获的玉米给父亲评判时，他们嘲笑了伊莎贝拉空空如也的盆。

然而，面对这个结果，老父亲却立即决定让伊莎贝拉继承农场，因为他在把种子给孩子们之前，其实已经偷偷煮过了，所以种子本身是不会生长的。

诚信就是我们的道德指南针。无论生活中的挑战多么艰巨，它都应该始终指导我们的一言一行和所思所想。

练习

1. 想想你对所钦佩的某位诚信之人的看法。

- 他们具体做了什么？
- 他们如何表现自己的诚信？
- 他们的诚信听起来如何？
- 他们的诚信让你有什么感觉？

2. 现在想想你对某位你认为诚信有限，甚至毫无信誉的人的看
   法，也问问自己以上几个问题。

如果你认为自己在某一方面没有达到应有的诚信程度，那么现
在或许就是你写下计划的好时机，这可以帮助你解决问题，并确保
将来其他你认识的人在回答第二个问题时，不会跟你有类似的答案。

能力

能力就是做事情以及根据自己的价值观选择生活方式的本领。

人力资本里谈到的能力，代表着先天与后天才能的结合，以执行
某些行动或实现某个结果。

我最喜欢能力描述的第一部分，因为它挑战了我们的常识，将能
力定义为一种选择，或一种生活方式，并且还将能力直接与我们的价值
观相联系。

能力帮助我们确定我们自己内在的权限和限制；它描述了我们知
道什么，我们能做或不能做什么。它通过展示我们能做什么，以及最有
可能如何去做，再结合个人蓝图，将我们定义为独特的个体。

每个人都在根据当时的生活状况打造着自己的能力，人与人的不
同之处就在于能力生成的驱动力或原因。

驱动力越强，就越能影响我们快速有效地获得额外才能的能力。
当这些驱动因素进一步受到我们的价值观和信念的直接相关影响时，它
们甚至可能变成超能力。

当某人处于不合适的职位时，我会使用"不合适"来区分这一职位是与这个人的价值观和信念一致，还是他缺乏满足工作要求所需的基本技能或知识。

这是一个有趣的想法，不是吗？

很多人可能具备执行任务的基本技能，然而他们能否卓越地完成任务将取决于他们的价值观和信念，这些才真正决定着人们会做出什么样的个人选择。

我根据自己的经验知道，当我的心（情商）不在这儿时，尝试做某件事就特别令人厌倦。换句话说，当我做的事情和我的个人选择或偏好（基于信念和价值观）没有直接联系时，我就缺乏全身心参与这件事的动机、好奇心和意愿。

作为一名管理/领导力培训讲师，我一次次遇到同样的情况，即学员之所以参加培训课程，是因为其他人帮他们预订了课程。如果工作坊不是他们自己选择的，那么培训还没开始，他们的心就已经飞出教室了。

我们可以通过阅读来提升能力，然而我们还需要做出有意识的选择来将这些新知识融入我们的生活。只有通过选择实践和积累经验，我们才能确定我们在该领域的能力。

培养自己的能力必须是由个人做出选择，在生活中这些选择可能会不断变化。然而，我们的价值观和信念一般较为稳定，使得我们的选择在不同时间段都是可行的。

确认你的偏好

只有当你确认了每一个价值观，以及它是如何塑造了你的信念和行为时，你才能考虑它们是如何影响你做出选择的。那些选择会促进或限制你的能力。

为了帮助你进一步思考，我在下面详细列出了一个改编过的改变模型的逻辑层级（图 10–1），这一模型最初是由罗伯特·迪尔茨（Robert Dilts）在 20 世纪 70 年代创建的，而它的出现也离不开科学家兼哲学家格雷戈里·贝特森（Gregory Bateson）的早期工作。

如果你熟悉迪尔茨模型，那你就会留意到我把信念和价值观单列出来了，因为我觉得它们本身是独立的概念。要理解情商，二者就不应被混淆。此外，我用"自我"替换了改变模型中的"目的"。我认为"自我"也将新模型与马斯洛的需求层次理论略微联系在了一起，这是心理学中的一种动机理论。

从图 10–1 最下面开始，该模型的层级依次如下。

- 环境。环境层级指的是除我们自身之外的一切要素。这不可避免地包括我们的家庭、工作、我们的每个利益相关者创造的情境、经济环境，甚至是世界的现状。

- 行为。在这一层级上，我们可以检视为了满足当时环境的要求，我们采取的具体做法或行动。行为层级就是我们的一言一行。这是其他人所看到、听到和感受到的一部分。

- 能力。这一层涉及战略、技能和知识，我们可以通过这些来组织、选择和指导与该环境相关的行为。

- 信念。我们的信念提供了强化，会支持或抑制我们在环境中的能力和行为。信念决定了事件是如何被赋予意义的，是评判和文化的核心。

- 价值观。价值观是我们做出决策的标准。这些标准是我们相信的很重要的品质，能指引我们选择如何度过一生，并进而产生能力以及随后在每个我们存在的环境中所使用的行为。

- 身份。身份是我们自己的外在表现形式。为了使其真实，它必须能代表之前的每个级别。

- 自我。自我是指我们对自己的身份、价值观、信念、能力和行为的主观内在体验。在理想世界里，它应该与我们的外部现实和身份完美结合。

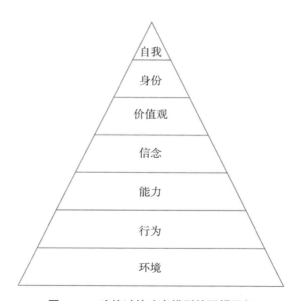

图 10-1　改编过的改变模型的逻辑层级

练习

使用改版的逻辑层级模型，在一张 A4 纸上画一个尽可能大的版本，以便在每个层级里有足够空间写入额外的信息。

1. 我们将关注你的价值观，从你选择的生活的核心特质或品质来确定它是什么。例如，这种价值观对你来说可能是非常重要的，比如诚实或正直。如果你觉得很难写出来，那就再扩展点思路，用熟悉你的人最有可能说你拥有的核心价值观来确定。

2. 我们将确定那些信念，它们是你所选择的价值观的直接结果。例如，如果你选择将诚实作为你的第一价值观，那么你可能会想选择与诚实相关的信念的词语，比如真理、开放、坦率或道德。

   注意：你会发现模型底部比顶部拥有更多的空间。这个额外的空间是经过深思熟虑的：我们在模型中越往下走，就越需要更多的属性来支持它上面的层级；同样，我们在模型中越往上走，单词就越少。

3. 当你对信念中的词语感到满意时，就下到行为层面，要记下那些表明你每天如何进行这些行为的词语，它们是信念的直接结果。例如，如果你的信念是坦率的，那你的行为可能是实话实说的、真诚的、直接的、公平的、公正的或直截了当的。

4. 回顾你选择的单词，然后用下一个价值观重复练习，并坚持下去，直到你清楚了解了影响你做选择的所有方面，从而也了解了你具有的能力。没有两个人会有相同数量的或完全相同的价值观。不要犹豫不决，只要写下在你生命此刻，与你相关、符合你情况的内容即可。

注意： 这很重要，也是一个深入思考的过程。所以，你要坚持做下去，即便这意味着你看了几个章节后，可能又需要回来继续看。一旦完成练习，你要花更多的时间去看你如何运用模型和写下的信息，这是你正式生成"整个人生计划"的有力跳板。

你会惊喜地发现，自己的生活现在可能有了新的走向。

知识

很多世纪以来，哲学家们一直在努力定义什么是知识。因此，在我们开始从情商的角度审视对这一方面的认知之前，先要简要回顾一下柏拉图是如何描述知识的。他的学说放在今天，很可能也与公元前 340 年一样有价值。

柏拉图将知识描述为一种合理的、真实的信念。换句话说，知道一些事情，就是有理由认为它是准确的。相比之下，没有正当理由或证据的信念就只能是一种假说。

我们每个人都以不同的清晰度来记住一些重要的信息；对我们中的一些人来说，随着年龄的增长，所记细节可能会以某种方式减少。

这种减少并不一定意味着信息不再存在了，可能对我们来说它只是不再像最初那么重要了。

在心理学中，"图式"这一概念描述了我们的思想是如何通过识别信息之间的关系、类别、相关性或模式组织起来的。

据称图式是从我们生活经历中获得的所有信息的相关性中发展起来的。大脑创建图式是作为一种捷径，使我们在未来遇到类似情况或信息时更容易应对。图式可能是相当固化的过程，不能很快或很好地适应不断变化的情境。图式会影响我们对主题的关注程度，以及我们采用或获取新知识的方式。

如果有新知识与现有图式不能契合或互相矛盾，我们或许就会质疑或忽略最新的信息，甚至在极少情况下会歪曲信息以使其与图式契合。

图式有效运作的关键是确保我们忠于自己，忠于价值观，并保证我们的信念是合乎情理的，是基于某种程度的事实。

我们还需要通过消除任何负面的内在对话来打开思维，接受新的可能性。这种对话通常是由我们未经证实的信念创造的，而这些信念会干扰新知识可能给我们带来的潜在影响。

隐藏的知识

我们过去可能听过，有人面对特定的情况或问题无法找到答案或结论时会说"我先睡一觉"。在睡过之后，他们十有八九会找到相关的解决方案。

这种情况之所以在我们身上发生，是因为我们头脑中较少的有意识学习的部分无法有效地利用当时头脑中更大的潜意识里已经学习的部分。

即使心理足够健康，这一过程也可能进一步受到时间限制、当前的承诺或其他外部压力的影响。

发生这种情况，也可能表明我们有内在压力，如不确定性、焦虑或信心不足。顺便说一句，如果放任不管，任其持续一段时间，可能会导致心理健康水平下降。

如果我们回到第 4 章中提到的杏仁核劫持，我们就能看到在其他压力情况下，大脑会出现类似的情况。

想象一个紧张的人为了吸引更多观众而走上舞台，不久之后，他可能会僵住（只是站着），忘记自己想说的话，或者在过程中无法控制地说话结结巴巴。

有压力时，边缘（情绪）系统会征用大脑的其他部分来找到最快的解决方案。如果做不到这一点，很可能就会导致一些人所说的大脑部分或全部宕机。

当大脑宕机时，解决办法是让身体和精神全部暂时离开这个场景。一旦我们做到这一点，就能更好地找到答案，因为我们允许自己头脑中的注意力从被动的认知思维过程转移为更放松、更广阔的潜意识思维过程。

这是个好消息，然而当我们站在舞台上，有几百人期待着我们的智慧金句时，我们能做的最现实的事情肯定不是离开舞台。

然而，我们可以做几次缓慢而深长的（核心）呼吸，在最后一次深呼吸结束时休息一两秒，可能的话，只需向观众解释，自己在这么多人面前做演讲有点紧张。

这么做有两个很好的效果：第一，它给我们争取了时间来安抚神经；第二，大多数观众都很理解这种情况，尤其是当我们坦诚相待的时候。观众产生任何怀疑时，如果我们以完全诚实和清晰的态度行事，就总是有益的。

即使对我这样老练的专业演讲者来说，这种技术也是有效的，因为我们在整个过程中会变得更加谦逊，自然而然就是在鼓励观众有更多的"共情"。记住，信任力 =（同理心 + 信誉度）/ 所涉风险。如果我们知道自己其实有"东西"，只是很紧张，那么我们就应该把信誉部分管理好[1]！

以下八条能帮助你发现隐藏的"东西"或知识，它们也可以帮助你克服任何潜在的上台恐惧问题。

- 中心 – 身心放松 – 心态轻松 – 专注：练习我们在第 3 章中谈到的这些技巧。它们会在各种需要自信的情况下帮助你。
- 采取最自然、自信的姿势。做你自己，让自己感到舒服。无论是站是坐，采取放松的姿势都会减轻你身体和大脑的压力。
- 做缓慢而深长的腹式呼吸。
- 摒除任何负面的内在对话，转而把注意力放在最后会有正向的成果，比如想象一个高兴的观众。
- 明确你的目标和对观众的价值，把你内心的关注点转到他们身上，而不是自己身上。
- 与观众建立联结，向他们致谢，进行眼神交流，并记得微笑。

---

[1] 第 10 章提及有关信誉的定义。——译者注

- 与错误和解，我们都会犯错，没有人是完美的。
- 减少咖啡因和糖的摄入以减少焦虑，尤其是在上台前的两个小时。

练习

首先，以上面的八点作为开始，想一想你可能会使用哪些其他心理或身体技巧来帮助稳定你的神经或检索你可能难以回忆的重要信息。

其次，想象下一次你最有可能需要调用你的隐藏知识的情境。不一定是在你做演示的时候，也可能是在你打电话、与客户交谈，或在工作会议上，甚至可能是在试图解决家里的棘手问题时。

最后，制定一个简单的心理策略，甚至可以使用助记符，比如一组字母组成某个单词，能帮助你记住每个元素，使你可以在需要时调用。

比如，可以使用"CRLF"记住中心（centre）、身心放松（relax）、心态轻松（light）和专注（focus），或者一些对你个人有意义的东西，比如"BEING"——明亮（bright）、参与（engaging）、有趣（interesting）、不评判（non-judgement）和真诚（genuine）。

无论你选择什么，都要确保它能完全辅助你顺利前进，并从中获得乐趣。它越是搞笑，当你需要用到它时，你就会越轻松自如。

第 11 章

进阶课九：沟通技巧

什么是沟通维度

沟通维度包含了对特定接受者的信息的输出和成功接受。我们的情商会根据当前情境中的关系、信念、能力或其他模糊信息，掌控沟通中的每一个元素的设计和处理。

沟通维度包含：

- 风格；
- 倾听；
- 提问。

你的维度反馈

使用你记录下来的 PEIP 测评中关于这个维度的平均分来查看相关反馈，以下我们分别从一至六级进行详述。

第一级：不灵活 – 无知 – 冷淡

有些人可能会认为你沟通起来显得不灵活且冷淡，就像一只无知的蚂蚁。这种行为代表着"青少年"，因为它代表了我们社会发展的一个阶段。在这个阶段，我们仍然在寻找自己的身份、行事方式，尽管我们可能并不确定自己的真实能力。

第二级：不适应 – 有限 – 封闭

我们可以将这种沟通水平描述为典型的"政客式"，在对方看来，你可能不理解其视角，观点有限，不愿意考虑其他不同的原因。

第三级：多变－不聚焦－半开放

一个典型销售员的刻板印象可能有助于我们描述你的沟通水平，你有时看起来有点咄咄逼人。当事情没有按计划进行时，你可能会给人留下情绪化或性情多变的印象。尽管你的对话是半开放的，但你没有足够关注作为独特个体的他们。

第四级：适应－当下－开放

你是个谈判者。这意味着你可以在持续关注对方当前需求的同时，根据不断变化的实际情况进行调整。你使用开放式提问来缓和沟通，并准备引导人们走向公平的结果。

第五级：灵活－参与－探索

你的沟通是顾问的水平。顾问采取灵活的方法来分辨相关方的要求；他们使用强大的开放式提问技巧与受众互动，去探索所有的可选项和因素。

第六级：面面俱到－清晰明了－毫不含糊

你的沟通达到了领导者的水平。领导者是指在沟通中面面俱到的人；他们表达得非常清晰，对于自己的观点和行为毫不含糊。

在沟通技巧维度发展情商

风格

我们可能会想起上次有人就像个吸尘器一般，把开会时或者房间里的所有正能量都吸干净了。只是我们记不清他们是怎么做到的。

负面语言是所有"能量消耗者"的核心资源。他们使用的词语会使人幻想破灭，助长分歧，或引发争论。大多数时候，他们甚至没有意识到自己所产生的影响。

我们选择的词语在定义我们所创造的环境以及我们对他人的影响方面发挥着重要作用。

也许你还没有注意到，我在整本书中故意排除了"但是"这个词的所有用法（当然，除了我们一直在讨论积极和消极语言的部分），也避免使用其他的消极词和使人失去力量的消极短语。

我们日常选用的词语是如何发挥作用的？

练习

请你想象一下，自己正在和一个朋友交谈，你们都在决定明年夏天去哪里度假。

第一部分

对话的唯一规则是，每个人在每句话的开头都用"是的，但是……"

对话可能会是这样的：

- 第一人："是的，但是我想去西班牙。"
- 第二人："是的，但是西班牙太热了。"
- 第一人："是的，但是在西班牙有很多事情要做。"
- 第二人："是的，但是那里挤满了游客。"
- 第一人："是的，但是这意味着我们会遇到很多新人。"
- 第二人："是的，但是我不喜欢结识新朋友。"

我相信你会同意，这次对话产生积极结果的可能性很低。这甚至可能使双方产生负面情绪。然而，对我们中的许多人来说，在日常交流中，使用这些词的方式基本与上面相同。特别是，我们通常说了太多的"但是"。

下次你和任何人谈话时，听听他们使用"但是"这个词的次数。比起其他用词来说，它可能会告诉你更多关于使用者情商的当前状态。

和上面一样，我想让你再想象一下，你正在和一个朋友进行类似的对话，你们都在决定明年夏天去哪里度假。

练习

第二部分

对话的唯一规则是，每个人在每句话的开头都是"是的，并且"，另一个人在开头说"是，但是"。

对话可能是这样的：

- 第一人："是的，我想去西班牙。"
- 第二人："是的，但是西班牙太热了。"
- 第一人："是的，并且这意味着会晒黑。"
- 第二人："是的，但是西班牙到处都是游客。"
- 第一人："是的，并且这意味着有很多夜生活。"
- 第二人："是的，呃……嗯，我想那可能很有趣。"

注意到区别了吗？这不仅仅是小把戏。它构成了人类条件反射的一部分，可以追溯到我们很小的时候，母亲为了鼓励我们，经常使用这类潜意识的积极表达技术。

在真正的讨论中尝试一下，你会发现一旦你开始使用积极的"是的，而且"类型的单词和短语，无论对方起初有多么消极，都会开始对你的想法变得更加积极和热情。你甚至可能最终让双方都使用"是"，然后达成完全一致。那该多好啊！

再想想上一次你遇到的那个出色的销售人员，他毫不费力地领着你走完了销售流程，并让你购买了他们正在销售的任何东西。如果我们能准确捕捉到他们使用的语言，就会注意到他们即使在共情我们的同时，也在使用积极的语言来推进销售。

好的销售人员要善于沟通。如果他们的话总是负面的，就绝对干不长久。是的，大多数优秀的销售人员可能也必须像其他人一样，在这个行业里通过犯错来学习。

不过，你会不时遇到一个天生的销售人员（他们天生就有积极性），他散发着自信，总是很积极，通常笑容满面。也许那是因为他们真的赚了很多钱！

倾听

回想一段典型的交谈，当我们和朋友一起坐在嘈杂的地方时，我们可能要很费劲地理解他们说的话。我们或许会漏掉一两个奇怪的单词，不过大多数时候都有足够的对话背景来帮助我们去理解他们在说什么。

我们将这些有意识（认知）的前因后果的线索与潜意识记忆结合起来，帮助我们去处理听到的每部分信息。

然而，当我们允许错误的思维过程取代那些试图理解对话的思维过程时，问题往往会随之出现。我们可能会走神，直到我们发现完全没听清他们所说的话时，才会最终回到当下。

对于我们的大脑来说，真正的积极倾听和倾听所有的细节是一项艰苦的工作：我们的大脑一直在试图让我们闭嘴，还要把给它带来压力的其他多余想法拒之门外。

保持同频需要我们把注意力集中在谈话的人和主题上。我们需要确保我们完全处于接收模式，而不是发送模式。怎么做呢？简单的答案是采取好奇和学习的态度，而不仅仅是倾听和点头。

还有提问。是的，我知道我一直在说，我们必须问更多的问题，尤其是让其他人参与进来的开放性问题。当我们问这些问题时，这些问题也神奇地增强了我们认知思维中的好奇心。

在我们不适合口头提问的情形下，至少我们应该在对方说话时，寻求我们内心想到的问题的答案，同时保持警觉，像高情商的人那样专注于说话的人。

练习

练习积极倾听。要做到这一点，我建议你找一个可能很吵的地方，比如坐在繁忙的大街的长椅上。这与坐在安静的郊野公园的长椅上不同，后者虽然对灵魂有好处，但可能无助于提高你的倾听技巧。

- 专注于一次只听一个声音。
- 对它感到好奇，并用心倾听。
- 注意声音是否有任何特定的节奏。
- 注意音调或频率的任何变化。
- 专注于这个声音给你带来的感受（快乐、悲伤、烦恼、兴奋）。
- 调频到下一个声音，尽可能多地重复这个练习，最好是在下次与另一个人交往时做进一步磨炼。

定期练习这项技术，唤醒你的听觉技能，然后根据你的每次对话进行微调。不久之后，你会惊讶地发现，对你希望与之进行更深入对话的人，你开始有新的、有深度的见解。

通常，当我指导某人时，我会把注意力集中在他们说话之间的呼吸上。我能听到他们停顿的声音，以及他们可能使用的语言的音调、音量、音高和速度。这让我对他们的处境有了更有力的见解，而且往往是那些沟通中经常被遗漏的小细节能帮助我引导他们找到成功的解决方案。

提问

提问是我们在生活中寻找出路时最自然的内在资源。然而，由于某些深层的原因，它在我们作为人类发展的早期就被切断了。

造成这种情况的最大原因之一可能是教育。想象一下，作为一个小孩子，我们在学会说话之后，也学会了如何提问。我记不清有多少次因为我的三个孩子不停地追问我"为什么"而让我简直要疯了。我相信每个家长都知道，努力提供足够的和有用的答案来确保孩子们从中学习，这一点是很有挑战性的。

然而，我注意到当我的每个孩子一上小学，他们就不再问为什么了。事实上，他们也不再问很多其他类型的问题了。

我和我现在已经成年的儿子讨论了这个问题，他现在自己也已为人父了，我问他为什么会这样。他说，当他第一次上学时，他记得当孩子们问"为什么"时，老师基本上会回答"因为它就是这样"，而不是给孩子们提供解释，因为这可能会打乱老师特定的课程计划。

无论是什么原因，即使今天有了更丰富的教学技术，我们还是在生命的早期就停止追问有用的问题。也许，这是因为我们不想在别人面前显得愚蠢；也许，这可能与我们早期的生活经验有关，当时我们不被鼓励问太多问题，因为这被认为是对大人的不尊重。

无论是什么原因，我们都需要会提问并使用适当的提问技巧，使我们能够在成年后继续成长和发展，这无关年龄大小。

我们将再次回看在第 10 章使用的逻辑层级模型，以帮助我们完成本节。向一个人提出"开放性问题"，并通过答案关联到更多的"开放性问题"，或者至少提供适当的声音或动作，如点头或微笑，来鼓励他们分享更多。

在每个层级提出是谁、是什么、何时、何地以及怎么做的 5W 问题（Who，What，When，Where，How），以获得该层级的相应信息。提问为什么，这将把我们带到下一个层次，从而加深我们的理解。

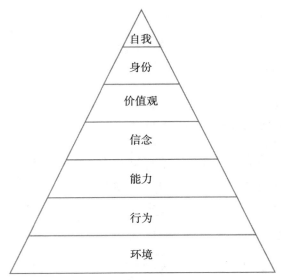

图 11-1　改编过的改变模型的逻辑层级

当我们最开始在环境层面上提出开放性问题时，这些问题会显得侵入性更小、更加普遍，因此回答起来更自然。

比如，我们提问"你在这里工作多久了"，表现得友好、放松、直率，是一个很好的开场白。

然后，我们可能会通过提出更开放性的问题来扩展对话：是谁、是什么、何时、何地以及怎么做。理想情况下，问题可以与他们的答案直接相关，提问有助于我们开始更多地了解他们的角色、公司、部门，或我们在环境层面上想获得的其他任何信息。

然而，如果我们想更多地了解这个人，而不是了解环境或情况怎样，我们可能会发现这类提问毫无帮助，我们这时可能需要问为什么。

五问为什么（或五问法）是一种连续询问技术，用于探索特定问题背后的因果关系。该方法的主要目标是通过重复询问"为什么"来确定缺陷或问题的根本原因。每个答案构成下一个问题的基础。

使用"五问法"的问题在于，只通过问"为什么"就把对话提升到一个新层次，这对谈话双方来说都有点吓人。

一种合理又轻松地做到这一点的可能方法是，在适当的时候，结合他们刚刚给我们的答案问为什么。例如，"哦，你在这儿工作了这么久，这很有意思，为什么会这么久？"

如果这个问题是一个为什么的问题，它总是会把对话提升到下一个层次，在这个例子中就是行为层次。通常我们需要一个"为什么"问题的替代方案，尤其是当我们进行教练谈话时。

通过将一个其他开放式疑问词与"具体"一词直接联系起来，它就可以作为为什么的替代问题。这将把对话提升到一个新的层次，而又不会有任何不舒服的审问感。

例如："具体是什么让你在这里工作了这么长时间？"

提出一个与我们目前在讨论的层级以下的任一级直接相关的开放性问题，也很容易推动对话层级向下进行。

例如，如果我在能力层面工作，我可能会问"什么行为可能是有用的"；回到环境层面，我可能会问"我们在办公室会看到什么变化"或"这会在哪些地方带来不同"。

注意：这是一种强大的技术。当我们把谈话内容定位在价值观层面之上，在身份层面上工作时，我们需要一直保持正念。除非参与者明确给予我们许可，否则我们不应该这样做。

重要的是：我们永远不应超越身份层级，到自我的层面工作，这样会武断地闯入心理学领域，除非我们完全有资质这样做。

通过大量实践，我们会逐渐精通这种技术，确保我们能够充分理解他人，并消除所有预设来建立健康的对话，这甚至可能会在更广阔的范围内解决问题或困难。

通常，只要注意到障碍可能存在的位置、层级，就能帮助我们确定我们应该与他人一起采取什么行动来帮助补救或改善现状。

练习

一旦你确定了一个愿意帮助你练习这项技术的人，就先从环境层面向他们提出开放性问题。

当你听到一些吸引你的事情时，问他们一个相关的为什么（或为什么的替代）问题，把你带到行为层面。

重复这个过程，不要只针对他们给出的每个答案问为什么，通过其他开放性问题扩大你对他们的了解，直到你确定至少了解了他们的一种核心价值观。

第 12 章

进阶课十：团队动力

Discover Your Emotional
Intelligence

Improve your personal and professional impact

什么是团队维度

在情商方面，团队维度代表我们建立关系、支持彼此、影响彼此、解决冲突以及与他人合作实现共同目标的能力。

高效的团队成员拥有互补的技能，通过协调一致的努力来取得成果，在这个过程中允许每个成员都能使用自己的基本技能和能力。

团队维度包括：

- 团队建设者；
- 影响力；
- 冲突解决。

你的维度反馈

使用你记录下来的 PEIP 测评中关于这个维度的平均分来查看相关反馈，以下我们分别从一至六级来进行详述。

第一级：非管理者 – 非影响者 – 被动

你高度独立的心态并不会总是让你在他人面前处于强势地位，反而会导致别人对你缺乏尊重，你个人和职业发展的机会可能也会减少。单打独斗的人不会成为伟大的管理者，也不会成为伟大的有影响力的人，因为这些人被动的天性更有可能抑制而不是鼓励自己在团队中高度参与。

第二级：支持－无效－决议

在与一些更具挑战性的人打交道来达成一项共同决议时，你的信心水平很低。虽然你可能认为自己在为团队提供支持，但从你与一些成员打交道的能力水平来看，你可能起不到什么作用。

第三级：疏远－说服者－接受

你似乎与其他人较为疏远，这可能是因为你习惯独自工作或生活。尽管你表现出不错的说服他人的能力，但由于没有足够的信心去挑战他们，你可能会接受并适应他们的观点或立场，即使你知道自己很有可能是对的。

第四级：融洽－平衡－挑战

你是一个好的团队合作者。你可以根据手头任务的要求平衡每个人的特质。在应对大多数情况和大多数人的挑战时，你都感到很自在。

第五级：提高－调整－实现

你是团队里的教练，你设法提高每个团队成员的能力，帮助他们根据任务需求调整自己的优势和能力，最终实现整个团队的蓬勃发展。

第六级：协同－迫使－调解人

你是团队的领导者，无论是有意凭借一个头衔还是因为你所担任的角色，你都可以游刃有余地结合每个团队成员的能力，创造一个互惠互利的环境，让他们脱颖而出。一旦有任何小的冲突出现，你就会推动一些人去参与并支持他们的同事，有效地促成一个明智而协调的解决方案。

在团队动力维度发展情商

团队建设者

做一个称职的团队建设者是大多数管理角色中不可或缺的部分。当你试图在一个典型的工作环境之外组织一些群体时，这也是一项必不可少的能力。

重要的是，要使团队真正富有成效，就必须让每个团队成员都拥有相同的愿景或使命感，然后有效地激励他们把那个目标变成现实。

组建团队需要的不仅仅是团队去向何方这样一个想法。每个团队成员都需要了解这段旅途的目的地，而且只有定期听取成员的想法或建议，整个团队才会有能力去定义通往团队目标的这段旅途的性质。

当团队建设者或管理者在没有与团队其他成员协商的情况下自行决定目的地（什么）以及前往目的地的方式（怎么样）时，通常就会反复出现团队建设的错误。这种命令和控制式的管理方法最有可能让大多数成员失去在团队中的参与感。

尽管他们可能会在工作中现身，但他们的心思并不在此，而且通常情况下，项目本身也会处于危险之中，甚至可能会失败。

对许多人来说，目标本身的性质，什么需要发生，可能是由角色、业务类型或我们所承担的工作预先决定的。在这些情况下，必须允许团队中的每个人都能参与其中，来决定我们将怎样实现这个目标。

近两年，越来越多的人开始远程办公。远离办公室或公司的办公方式可能会在某种程度上耽误团队建设，所以我们需要更加注意每个团队成员的独特需求。

在线团队会议和群聊是确保成员感到自己参与其中的好方法。但是，在帮助那些觉得在线互动很困难或容易让人感到困惑的、性格相对安静一些的成员时，我们也需要更加注意。

无论是在办公室办公，还是远程办公或居家办公，一对一的私聊对任何人来说仍然至关重要。我们每个人都需要时间来回顾、讨论和分析我们所做的工作，都需要教练指导我们发展技能和能力，使自己能做出更多的贡献。

关于团队建设，一个经常困扰我的问题是，我总会看到或听到一个管理者偏爱团队中的一个或多个成员。因为拥有相似的个性或性格特征，这个管理者通常会选择这些人而不是其他人来完成特定任务，而不管他们的技术或能力如何。

为什么应该选择这个人而不是另一个人来完成一项任务？对高情商者来说，唯一的原因是他有能力完成这项工作，或者他正在学习如何完成这项工作。

建立团队需要公平性和一致性。如果我们允许自己的偏好干预这个过程，就无法让这个多人组织作为一个整体有效地运转——要记住，多样性和包容性至关重要。

当然，在一些情况下团队领导者必须做出自己的主观判断，有时这种判断会让团队其他成员感到不适。但是如果我们在每次互动中始终保持公平和一致，这些情形就会减少。

从本质上讲，建立一个团队需要我们做到忠于自己的价值观，通过与每个团队成员的互动来展示我们合乎情理的信念。

当团队建设不成功时，每个成员都会产生大量不同的情绪。一些情绪可能只是口头上的，我要补充的是，在很多情况下，这些情绪也会以身体上的动作展现出来。

作为一个团队建设者，识别出成员什么时候不开心、有压力、没动力、不确定、感到不安全或在生气是很重要的。其中一些情绪可能很容易发现，但对相关人员其他微妙的情绪变化，我们则要更加警觉。

我们需要通过每次团队互动不断观察、倾听和学习，发现团队失衡的任何相关迹象。因此，提供即时的团队或个人反馈对于发展团队成员以及恢复团队平衡必不可少。

练习

回想这样一种情形，你曾经是一个团队的成员，不过你觉得自己没有完全融入这个团队，或者你觉得其他人没有像你那样得到支持。

1. 团队本身或团队领导对你或他们的支持缺少哪些要素？

2. 这让你有什么感受？具体表述一下。

3. 在那种情况下，什么可以发生改变？

4. 你会如何确保不让这种事发生在别人身上？

5. 在组建团队时，你会承诺做哪些不同的事情？

影响力

工作坊学员们经常让我帮他们改善与另一个人或另一些人的特别棘手的关系。我的第一回答几乎都是一样的，那就是他们必须先调整与自己的关系。

在行为科学领域多年的经验告诉我，维持一段良好的关系有一个关键原则，那就是"你必须先准备好去往哪个方向"。

如果我们想改变别人的行为、反应和回应，就必须先改变自己内心深处可能会驱使这些反应的东西。

当我们遇到一段有问题的关系时，想一想自己的情绪状态：

- 在面对他们时，我们感到危险、不知所措、觉得优越/自卑或消极的程度如何？
- 与他们进行直接的眼神交流时我们是否感到自在？
- 我们身体上发生了什么变化（呼吸、姿势、声音——语气、控制、甚至声调）？
- 在内心深处我们有多自信？
- 在开口说话之前，我们可能已经释放出了哪些更微妙的情绪信号？

允许不同的外部因素影响我们的反应，在这一方面我们都犯过错。这些影响可以很简单，比如一个人的外表或声音，也可以是一些更复杂的经历，比如失望、缺乏信任或不合主流。

无论我们现在对他人的看法受到了怎样的影响，我们都应该考虑一下，让这种影响渗透到未来的关系中会产生什么样的作用。

一旦我们努力清除了已经堆积在脑海中的关于对方的所有碎片，我们就必须主动以中立的态度去接近他们。

换句话说，要与他们建立良好的关系，重新开始。先要考虑，下一次和他们接触时，重点关注他们而非我们自己，也可以是他们的任何其他主题。一旦我们开始将重点放在对方身上，情绪动态就会发生改变。

练习

考虑一下你想和谁有一段更好的关系。

写下你知道的关于他的所有事情，比如他的个人喜好、愿望和需求，以及他目前对你的看法。什么可以让他高兴或伤心？他在家里或工作中遇到了什么困难？

如果你刚刚列出了一个长长的清单，那么你可能在这段关系中遇到了很大的麻烦，很抱歉告诉你这个不幸的消息。

这时你需要使用一个高情商的方法，考虑所有的证据，看看你是如何设法影响你无意中或故意创造的负面环境的。然后，你可能需要为双方安排一个合适的时间进行一次非常坦诚的讨论，你们都认为这种情况需要改变。

在开始行动之前，你还需要认识到，任何一方都不应受到责备。然后，你必须主动开始对话，为这段关系中发生的每一件小事承担责任，不管那是不是你的错。

你可以这样说："对不起，我们现在相处得不好是我的错，我一直都……"

我们对于任何相关问题的接纳向对方发出了一组非常不同的情绪和身体信号。他们的反应或许仍会有点紧张，但也很可能会出乎我们的意料。

我们每个人都有相同的情感需求，其中最强烈的需求之一就是被他人接纳。当我们为一段关系中出现的问题负责任时，我们就是在诉诸那些基础的本能，通常情况下问题都会得到解决。

另一方面，如果我们的清单很简洁，那么这个问题最重要的部分很可能是我们根本没有和这个人建立起正确的联结。那么，接下来需要采取的行动就是确保我们能更好地了解这个人。

一旦你真正了解了这个人，你可能会惊讶地发现他与你想象的完全不同。我们或许会发现他与我们有很多共同点，甚至有同样的不足、恐惧或担忧。

我们都会受到他人的影响，无论是对是错。我们会有意或无意地被他们的观点、态度和信念所吸引，那些信念越强烈，对我们的影响就越大。

我们可以观察一下一个有影响力的老板和他的下属之间的典型情况。老板一般非常自信，知识渊博，人脉极广，我们能看到他的影响力对下属的作用。

一个好的老板会鼓舞人心，调动下属的积极性，鼓励下属的想法，引导他们以各种各样的方式发展自己的知识和能力。

一个不好的老板会用自己的知识恐吓下属，他不会鼓励或激励员工，而结果通常会说明一切，他的下属会变得胆战心惊，寡言少语，不太可能去开发自己的潜能。

练习

现在考虑一下你在家庭和工作中的影响力，然后问自己以下几个问题：

- 目前我是如何影响生活中不同的人的？
- 关于我对他们的影响有多大，他们会怎么说？
- 我怎样才能更好地影响他们？
- 我需要开始做什么？
- 我需要停止做什么？
- 我什么时候能做成这件事？

冲突解决

在发生冲突时，我们的两个杏仁核都会发送一系列化学信息或神经递质，通常是肾上腺素和皮质醇，充斥我们的神经系统，让我们为战斗或逃跑反应做好准备，这个我们在之前已经讨论过了。

对那些选择战斗的人来说，我们的肌肉群既处于攻击模式，也处于防御模式，准备好了迎接战斗的体力活动。当我们在战斗场景中把逃跑看作更明智的选择时，不同的肌肉群就会帮助我们脱离危险。

现在，让我们考虑一下与战斗和逃跑相关的特定肌肉群的影响，尤其是那些负责面部和眼球运动的肌肉群，然后思考一下这些肌肉群在每种情况下会如何改变我们的面部表情。

如果我们在既定情境下选择了错误的情绪反应，就很可能会向其他相关人员发出完全错误的信号。这一点值得我们思考，特别是当由于角色的性质，我们发现自己每天都处于冲突的情形之中时。

冲突是有好处的，它帮助我们确定争议或问题存在的地方，如果处理得当，通常能为相关各方带来积极的结果。

那么，是什么妨碍了冲突发挥积极作用的呢？一个简单的答案就是我们自己。我们允许内在对话来影响自己的情绪反应，这往往会导致错误的化学物质的释放，继而让对方对我们的实际意图做出或对或错的解读。

如果我们情商高，处理冲突就会非常简单。我们越多地将情绪从情境中移除出去，就会越多地把注意力集中在真实而非臆想的东西上，事实就会变得越清晰。这反过来会有助于引导我们达成一项解决方案。

让我们来想象这样一个场景，我们需要与一个人进行对话，在一个特别棘手的问题上我们和这个人有冲突。我们可以完全从自己的角度出发，快速地解决问题，而不考虑他们的角度，不过这可能会造成更多的冲突。

高情商的方法是使用一个基于询问的系统，从他们的角度来确定情况。如果需要，可以用这个系统指导他们，毫不费力地达成一个双方都同意的解决方案。

例子

1. 请他们帮你解决问题：

   "你好，约翰。我需要你帮忙，我们在甲乙丙方面有点问题。"

2. 坦率、透明、冷静地简要阐明问题，而不是与之相关的行为：

   "上周甲和乙迟到了。"

3. 只提供支持问题的事实证据，不要带有任何与之相关的你的 /
   其他人的情绪：

   "这导致我们在向总部报告数据时误报给了丙。"

4. 询问他们这是不是我们需要解决的唯一问题：

   "你认为我们现在还需要解决什么问题？"

5. 不要打断他们说话（可以只点头和鼓励）。

6. 询问他们我们可以如何解决发现的这些（和任何其他）问题：

   "我们可以怎样有效地解决这些问题？"

7. 让他们把话说完。在这之前不要打断他们，也不要问任何问题。

8. 感谢他们的意见，然后询问他们需要采取哪些不同的措施来
   推动进程：

   "谢谢，约翰，你帮了我们很大的忙。你可以做些什么来帮
   助我们推动事情发展呢？"

9. 询问他们我们可以如何衡量和跟踪实现新目标的任何进展：

"太好了。我们应该怎么跟踪这方面的进展呢？"

10. 承诺和他们合作以实现这一目标：

"太棒了。我们随时保持联系，好让彼此都能了解到事情的最新进展。"

当然，还有很多其他的技巧可以用来处理冲突和与之相关的艰难对话。在这方面，我强烈推荐苏珊·斯科特（Susan Scott）的书《关键对话：如何解决难题，不伤感情》（*Fierce Conversations: Achieving Success At Work And In Life: One Conversation At A time*）。

练习

想一想你直接或间接卷入的、现有的或最近的一次冲突情形。

- 你个人消耗了多少情绪能量？
- 你的能力得到最有效的利用了吗？
- 未来你将如何获得更长期的结果？
- 需要发生什么改变？
- 你会如何及何时做出这些改变？

第 13 章

进阶课十一：领导力

什么是领导力维度

在这个维度上，领导力与我们使用感官知觉或直觉来指导自己的言语和行动有关。它进一步描述了我们如何启发他人遵循一条特定的路径，阐明了我们如何适应沿途不断变化的需求环境。

领导力维度包括：

- 直觉；
- 灵感；
- 适应性。

你的维度反馈

使用你记录下来的 PEIP 测评中关于这个维度的平均分来查看相关反馈，以下我们分别从一至六级进行详述。

第一级：有障碍 – 缺乏激励 – 固执

你表现出一种有点孤立的领导风格，因为你觉得很难读懂和理解别人，你对自己缺乏激励，更不用说对其他人了，你会固守自己的意见和观点。

第二级：不清楚 – 选择性 – 模糊

孤岛式领导最适合用来描述这个级别。你经常不清楚别人可能对你有什么要求；你有选择性地与人交往，你难以清楚辨认确保整体成功的前进方向。

第三级：本能－舒适－适应性强

你的领导风格是开放的。你用本能去引导自己的一些言行。你会为人们创造一个舒适的生活和工作场所，并在需要时适应不断变化的情境。然而，你并未真正激励你领导的那些人，这一方面会让你感到自满，另一方面则实现不了目标。

第四级：调整－鼓励－灵活

你的领导风格很灵活。你会适应情况的不断变化，并使用适当的鼓励来吸引人们与你同行。需要注意的是，不要变得过于灵活，因为这会导致目标和所需行动的不确定性。

第五级：敏锐－接受－随和

你是一个天生的领导者。你会非常敏锐地了解到你所领导的人的实际需求，你可以轻松地接受他们的需求，并随时随地满足他们。不过，有一个小的可能性是，你会变得过于关注人的因素，而忽视更大的图景或目标。

第六级：直觉力－鼓舞人心－吸引力

你是一位鼓舞人心的领导者。你表现出高度的直觉力、适应性、敏锐度和吸引力。要注意，人们也会希望以你为榜样，从而引领团队走向全面成功。

在领导力维度发展情商

直觉

人们经常认为第六感，也就是直觉，是一些人的一种神秘的、超凡的能力。据说他们有能力在他人或事情发生之前知晓一切，他们的第六感独立于其他五种感觉（视觉、听觉、嗅觉、味觉和触觉）发挥作用。

我认为事实并非如此。每个人都有第六感，大多数人每天都在使用第六感，它让我们知道自己对事物、人或情况的偏好，也告诉我们什么时候可能处于危险之中（比如一些令人毛骨悚然的事情）。

在神经语言程序（NLP）中，从业者使用动觉这个词来描述一种情绪状态或身体感觉，如热或冷、硬或软。在《科学》杂志中，动觉的定义是一个人通过肌肉和关节中的感觉器官（本体感受器）对自己身体的位置和活动的意识。

不管我们更喜欢用动觉还是感觉来描述情绪状态的各个方面，我们都必须承认我们大体上指的是同一件事。

我进一步推断，当我们选择将所有的身体和情绪感觉结合起来时，我们就在使用自己的第六感。把第六感称为直觉可能更舒服一些，这对其他人来说也更容易理解。

调动直觉比我们一开始想象的要容易得多。直觉无时无刻不在为我们工作，甚至在你阅读这些文字时也是如此。你的感官正在捕捉此时此刻你感受到的所有声音、气味、温度变化、身体感觉（比如触摸、饥饿或疼痛）和情绪感觉。

我们的大脑努力工作，以保证我们安全无恙。它不断扫描我们所处的环境，告诉我们那些可能影响平衡的微小变化。我们是否选择根据这些输入信息采取行动取决于个人选择和偏好。

当我们处于心流状态时，直觉会变得更加敏锐。大脑的潜意识部分会记录每一个景象、声音、感觉和知觉。处于心流状态时，我们可以直接接触到所有的有意识的和潜意识的神经过程。

就像我们调电视频道来找到最可靠的节目传输一样，我们需要协调所有的感官，让自己变得更加有直觉力。

- 倾听：倾听对话，在内心中调高音量，理解对话的重点所在和特定词语的使用，充分意识到其中的任何倾向。仅仅通过倾听去理解，不要有任何判断或内在对话，这样我们会获得深刻的领悟，从而与演讲者产生更深层次的共鸣。
- 观察：观察存在于情境中的每一个细节，例如眼球运动、姿势、手势和其他不自觉的小动作，理解所有真实的、感知到的问题，这会帮助我们获得优势。
- 感觉：调高我们的感受度，对感觉的信任会赋予我们大量新的能力。感觉会为我们的决定提供信息，帮助我们提供解决方案，从而有可能为我们节省大量时间。

让直觉在我们的生活中更加触手可及，能让我们在任何情况下都更加有存在感，有助于将我们的比赛提升到一个新的水平。直觉为我们提供的东西远比我们目前能想象到的或相信的要多得多。

最后，直觉已经根植于我们整个人、我们的存在之中，它是免费的。如果我们否认直觉的存在，不能有效地利用它，那就真的太可惜了。

> **练习**

- 闭上眼睛一两分钟，专注于周围不同的声音、气味和味道。
- 然后，把注意力集中在身体能感受到的事物上，比如热或冷、软或硬的东西，比如你坐着的或站着的物体表面。
- 最后，调频你的情绪感受，与你刚刚经历过的所有其他感觉直接联系起来。

灵感

灵感是一个让我们去做或感受不同事情的心理过程。它可以归因于创造力，尽管并非总是如此。

我们的灵感来自大脑接收到的各种感官输入的结合。我们从这些刺激中获得的感觉会通过大脑中不同的阿片受体释放化学物质，使我们精神振奋，感觉妙不可言。

当然，每个人都是不一样的，这也就意味着不同的刺激会以不同的方式影响不同的人。例如，有些人会被一次美丽的日落（视觉）所感动，而另一些人会从莫扎特的管弦乐表演（听觉）中感受更多。

现在，我正坐在办公室里写着这些话，我远远地望着（视觉）池塘，看着蜻蜓在水面上盘旋，看着蝴蝶在周围飞来飞去。

这种状态赋予了我灵感。我坐在这里打着字，脸上挂着灿烂的笑容，我感觉棒极了（动觉）。我发现，比起今天早上我刚开始写作的时候，这些文字在我的脑海中流动得更顺畅了一些（听觉）。不知道这种新的心流状态会不会有助于我的文字激发你的灵感呢？

好，让我们回到现实中来。给我带来灵感的东西对你不一定有效。我们是不同的人。如果我们想激励一些人，那么就必须根据他们的个人偏好来定制体验，这可能会比较难办，特别是当我们和一大群人一起工作时。

秘诀是找到对每个人都有激励性的东西，这意味着在何事何物是否有激励性上，我们要稍微改变一下自己的个人视角。

要开始这个过程，一种方法是把受众看作单一的个体，从对他们的了解着手，首先确认一下我们没有做出任何不合格的假设，然后我们就可以开始处理自己的看法。

接下来，我们需要确定交流方式会让他们感到兴奋，而不仅仅是让我们自己觉得刺激。我们知道听觉型的人更喜欢倾听，视觉型的人更喜欢观察，而动觉型的人更喜欢情绪和身体上的感觉，那么我们就需要考虑一种方法来兼顾这三者。

广播电台好的商业广告就是一个出色的例子。虽然媒介本身是固定的（听觉），但通过创造性地使用音效和对话，听众可以利用他们的想象力（视觉）与产品建立情感上（基于感觉）的联系。

同样的技术也运用在电视广告中，不过它更直接一些，使用了三种感觉中的两种，即视觉和听觉。通过这种方式，广告商想要我们与产品建立一种情感上的联系，如果我们这么做了，鱼儿就上钩了。

激励他人的第二部分是确定他们的主要动机。换句话说，不管他们以什么方式来的，要弄清楚他们为什么会来与我们互动或参与到我们的主题之中。

以一位希望激励团队度过艰难变革时期的商业领导者为例。如果他只关注股东的净利润价值，那么他的员工就不会感到特别有动力去做更多的事情。

然而，如果这位领导关注净利润的增加对员工薪水的影响，那么他的员工肯定会受到鼓舞，继而去做更多的贡献。

正是这种对最有可能激励受众的内容进行的简单调整，才使他们因此受到的激励程度有所不同。

不幸的是，我们都曾接受过一些非常平淡乏味的交流，而那种交流只会让我们的情商脱离其中，得不到充分利用。

练习

想想最近谁激励了你，可以是在工作中，也可以是在家里。你可能因为一些简单的事情受到了激励，比如看到一个年轻人为穿过繁忙马路的盲人让道以便他们通过，或者从最近的节目中看到有人想改变整个人类。

1. 这件事情是如何激励你采取行动、改变行为或实现目标的？

2. 那些人当时让你有什么感觉？

3. 那些人可以做些什么来进一步激励你？

4. 从今天开始，你需要做些什么不同的事情才能激励别人？

适应性

调整我们快速有效地学习新技能的能力，或者改变我们的行为来响应情境中不断变化的要求，是最受欢迎的领导能力之一。遗憾的是，这一点在招聘过程中常常被忽视。

适应性强的领导者在解决复杂问题的方法上非常灵活，他们可以有效地应对周边环境和当地情况的快速变化。他们可以很好地独立工作，也可以利用自己的灵活性来管理多个团队和工作流。

这有什么不好的呢？尽管我们可能都同意适应性是领导力的一个重要方面，但许多人会觉得适应的内在心理过程有时极具挑战性。

我们困于自己的做事方式之中，我们喜欢事物本来的样子，我们遵循常规或惯例，因为那让我们感到舒服，我们不想破坏已经在脑海中建立的内部平衡。

变化是一个持续的过程，它发生在我们身体、思想和整个世界的方方面面。对我们来说，接受变化才是一切最好的起点。

然而，对一些人来说，这种接受意味着从根本上承认生命就是短暂的，任何事物都永远不会有一个永恒的状态。

过去，每当我很难去接受和适应一种情形的时候，我的父亲总是说："草会长出来的！"也就是说，别再浪费时间拖延了，开始做点什么吧，不要站着不动，任由草在你的脚底下长出来。

我喜欢这个关于草的比喻。我们可以把草剪掉，我们甚至可以把它烧掉或连根拔起。不过，只要有合适的环境条件和时间，草仍然会重新长出来。这就是草的适应本性。

这也是人类的本性。作为一个物种，我们已经生存了数千万年。我们蓬勃发展，虽然不是在同一时间或同一地点，但是我们会继续生存，因为我们可以适应。

有时，适应一件事需要大量的情商，尤其是当我们不能为变化的发生找到任何合乎逻辑的原因的时候。然后，我们可能会试着分析可用的数据来确定事实，如果这对我们来说仍然讲不通，我们就会坚持己见，拒绝适应。

正是在这样的时候，我们可以最大限度地使用情商，来引导我们的思维不只停留在事实上，或许我们现在已经选择了去理解事实，并考虑其他人的观点。认识并承认其他人的情绪、原因或他们的内隐思维，可能会有助于我们调整自己的某些方面来适应整个情况。

练习

考虑一下你目前的适应能力如何，你可能需要专注于哪些方面来进一步提高自己的适应能力。

如果你倾向于遵循常规或惯例，可以试着调整并适应其中的一种，例如，每天找一条不同的路线上下班。

这个方法会有助于消除因遵循死板的常规而产生的一些紧张感，你很可能会通过一些不同的经历和探索得到新的回报。

第 14 章

进阶课十二：变革促进

Discover Your Emotional
Intelligence

Improve your personal and professional impact

什么变革促进维度

在变革促进维度，我们着眼于那些促进和支持变革的多重力量，这些力量引导一个组织的人员最终实现他们共同需要的结果。

变革促进维度包括：

- 发起者；
- 支持者；
- 推动者。

你的维度反馈

使用你记录下来的 PEIP 测评中关于这个维度的平均分来查看相关反馈，以下我们分别从一至六级进行详述。

第一级：守旧者 – 不支持 – 挑战者

你似乎很关注过去，你更喜欢过去的做事方式，而不是现在或将来的做事方式。你可能会通过对变革持不支持和怀疑态度，去挑战相关的过程、人员和他们想要实现变革的原因来进行抵制。

第二级：机会主义者 – 助手 – 同意

在涉及变革时，你似乎更关注当下；这意味着你可能仅在对自己有直接利益的情况下才支持变革，这时你可能会去争取相关各方的同意来推进变革过程。

第三级：足智多谋 - 工作者 - 积极分子

在变革过程中，你足智多谋，你乐于寻求更好的做事方式，并准备好投入额外的时间确保变革在正确的时间以正确的方式发生。你可能需要考虑一下，不要表现得太过于积极，而更多地做一个变革的促成者，因为有些人对这种隐隐的"狂热"方式并不会感到轻松自在。

第四级：适应者 - 支持者 - 促成者

在变革过程中，你为人们提供支持来适应变化，在必要时提供适应过程中所需的元素来满足人们的需求，同时也使过程本身继续推进。如果你需要监督实际的变革过程，那你可能要考虑采取一种结构化程度更高、随意性更少的方法。

第五级：挑战者 - 鼓励者 - 改进者

你着眼于未来，喜欢挑战现状，鼓励人们采纳和适应广泛的想法、系统、流程甚至行为。你不断地寻求改善自己世界中的每一个元素，唯一需要注意的是，有时你可能会忘记识别变革对他人的全部影响。

第六级：变革大使 - 有计划 - 进步人士

你是变革的推动者！你采用详细的、有计划的方法让所有利益相关者参与到任何变革情形中，确保自己取得有把握的、可衡量的进展。作为变革大使，你的技能可以让其他人快速且毫不费力地接受、适应新的规则。

在变革维度发展情商

发起者

根据德洛伊特（Deloitte）的说法，"变革发起者"对自己的目标有明确的看法。他们是描绘这个目标，并激励他人追随和执行这个目标的行家。

具有讽刺意味的是，变化可能是当今这个世界上最不会变的东西了。万事万物都轻松简单的日子早就一去不复返了。

我们每天必须适应新技术、新流程和越来越多的信息。当然，我们还要不断适应在个人生活中创造适当平衡的新方法，这样才能跟得上周围发生的所有变化。

很多人可能会说我们是习惯性生物，改变总是很困难。但实际上，我们是不断变化的动物，因为作为人类物种，我们已经适应和变化了成千上万年。

那么，为什么变化会让一些人感到不舒服，而另外一些人却不会感到不适呢？答案就在于我们是否为自己创造了特定版本或类型的世界。如果我们过于关注过去，喜欢旧方式胜于新方法，不喜欢脱离既定的常规，那么任何变化都极有可能威胁到我们的情感平衡。

然而，如果我们接受变化是生活不可或缺的一部分，对未来充满热情，希望在所有事物中寻找可能性，那么我们的情感平衡就会习惯不断变化的情形，并因此做出相应调整。

变革发起者总是设法从组织内部和外部环境中寻找灵感。他们的主要目标是识别出在执行功能性和非功能性任务时，不一样且可改进的方法。

对很多人来说，发起变革并不是待办事项清单上最重要的事情，这主要是因为我们更喜欢待在工作和家庭生活已经形成的舒适圈中。

我们经常抗拒改变，无视改变会带来的任何潜在的长期回报，因为如果允许改变发生，内心情感的不平衡可能会给我们带来困惑、不确定性和潜在的不安全感。

我们还需要明白，打破现状可能会面临一定程度的抵抗，尤其是来自那些在变革过程中受影响最大的人。如果没有在过程中及早予以处理，这种抵抗甚至可能变成敌意。

作为变革的发起者，我们需要想清楚变革对人们的影响，这意味着要经常跳出我们的情感舒适圈来进行思考。我们需要用正确的方式挑战自己和他人的想法。

因此，发起变革不仅仅是想出更好的做事方式，还需要我们更深刻地理解这些变革最终将如何影响所涉及的人员和流程。

找到一个好用的结构体系，让人们接受任何变革过程应该是我们的第一项任务。为此，我列出了以下可能需要包含在待办事项列表中的事件类型：

- 了解并详细说明变革对组织和所有相关人员的影响。
- 从情感角度构建商业案例，从人的角度出发，概述变革的所有特征和优势。
- 从技术角度构建商业案例，概述将改进或增强哪些内部流程和机制。

- 从财务角度构建商业案例，概述变革为企业带来的经济利益和影响。
- 让非正式团体参与变革过程。我们通常很乐意让正式的管理层和利益相关者参与进来。然而，总会有其他非正式的利益相关者听说了这个项目，他们可能会尝试改变项目进程。
- 亲身示范你是如何面对变革的。
- 监控、评估和管理变革过程及相关人员。

练习

以这份清单为基础，为你的生活、工作或家庭带来一次真正的改变吧。你可以做一些相对私人化的事情，比如翻新家里的一个房间或换一辆车。你也可以做一些有更广泛的作用、影响更多人的事情，比如改造整个办公室、公司业务、管理团队、产品线，甚至一个组织流程。

支持者

变革支持者是那些承认变革是必不可少的人，也包括那些将发挥关键作用、帮助我们实现变革的人。

在确定了能有效推进变革实现的各个要素之后，我们就需要考虑在每个阶段，从正式和非正式的利益相关者处争取到所需要的支持。

在开始这一步之前，我们需要确定这些利益相关者中哪些最有可能着眼于过去，因为这些人可能会成为变革过程中的扰乱者。

同时，我们需要确定哪些利益相关者应该会着眼于未来，他们可能会成为所提议变革的支持者，甚至促成者。

完成这一步的一个简单方法是进行快速测验，我们可以根据一个标准的选择题框架来确定利益相关者的偏好所在。

许多在线工具可以为这一步提供支持，例如 SurveyMonkey、SmartSurvey 或 Typeform，我们可以轻松创建一个选择题的问卷，通过电子邮件发送给所有利益相关者。

通过内部电子邮件、内部网，甚至是常见的面对面的问卷调查，我们也能得到相同的结果。

选择合适的方法与每个利益相关者交流，然后为他们提供适当的支持，这个过程将完全基于我们对变革情况的独特需求，不过无论如何，我们的目标都保持不变：

- 准确陈述变革；
- 解释变革的原因；
- 表明何人、何事会受到变革的影响；
- 详细说明变革过程将如何运行；
- 解释每个利益相关者可以获得哪些支持；
- 解释他们可以如何获得支持；
- 提供时间表；
- 表明对正常业务的潜在影响；
- 提供必要的联系信息。

不管变革本身是什么，确保一切顺利进行的关键是在我们的沟通过程中保持开放，让每个人都了解到最新进展，并为那些可能遇到困难的人提供常规支持。

练习

使用你在上一个练习中收集到的信息，确定你会如何支持这一变革过程向前发展。

- 我们需要做什么才能让每个人都在这个过程中感到舒适？
- 你将如何支持相关人员？
- 对于未来的所有变化，你需要做哪些不同的事情？
- 你为什么要坚持这种新方法？
- 你如果不这样做会怎样？
- 你会为自己做出什么样的改变？

推动者

在一个组织中，承担发起和管理变革任务的个人或群体被称为变革推动者。变革推动者利用他们对外部世界的好奇心，发现潜在的解决方案或机会，确定如何将它们有效地纳入现有框架。

对任何类型的组织来说，最大的挑战之一是识别潜在的增长机会，然后通过在现有的和潜在的市场中展示灵活性和适应力，将这些机会变为现实。

作为变革推动者，我们首先需要抱着好奇的心态识别出这些潜在的机会，然后调整我们的情商，表现出一定水平的灵活性和适应力，确定对组织和相关人员的益处。

我们还需要同样水平的情商，确保我们的关注点能在基本收益和实现收益所必需的人力投入之间保持均衡。

变革推动者永远不会满足于此时此地，他们总是对事情的运作方式感到好奇。实际上，他们也会好奇如何改进，或以完全不同的方式做这些事情。

好奇心是连接大脑认知部分和情商部分的一环，它为大脑学习新事物做好准备。

当我们变得好奇时，我们将不仅使用单一的神经通路，而是所有存储的潜意识信息都被用来搞清当下的状况。

然后，我们利用情感视角来合理化这些数据，这个过程可能会受到视觉、听觉，甚至动觉信号处理的影响。

与此同时，我们的认知思维也在努力弄清状况，想出替代的解决方案。

好奇心是地球上几乎所有生物体都拥有的东西。好奇心保证我们的安全，也让我们这个物种得以进化和发展。我们越好奇，就能越快地适应、成长和发展。

是什么让人们变得不再好奇了？答案就是例行公事的、固守仪式的或习惯性的行为，而自满往往会加剧这种行为。

如果我们想作为个体继续成长，就必须打破任何或所有这些僵化的行为，因为这些行为会阻止我们发展出一种基于可能性和万物潜力的新的思维方式。

练习

1. 找出一些最有可能阻止你变得更好奇的习惯，然后针对每个习惯回答以下问题：

- 这个（消极的）习惯是如何阻止你的？
- 你可以用什么（积极的）习惯来代替它？
- 你怎么知道自己什么时候改变了这个习惯？

2. 把好奇心集中在某个事物上：它可以是一些奇特的东西，如一片草，也可以是一些大点儿的东西，如一棵树，一个建筑的形状，或水面上的涟漪（可以让你集中注意力的任何事物）。

- 你可以找出哪些复杂的细节？
- 具体来说，这些元素之间是如何联系的？
- 你可以如何改变这些元素之间的关系？
- 那些组合变化的结果是什么？

第 15 章

进阶课十三：与他人协作

Discover Your Emotional
Intelligence

Improve your personal and professional impact

什么是协作维度

协作维度是指与一个以上的人或平等主义的团队集体工作，完成统一的任务或共同的目标。

协作维度包括：

- 人际关系网；
- 团队工作；
- 长期关系。

你的维度反馈

使用你记录下来的 PEIP 测评中关于这个维度的平均分来查看相关反馈，以下我们分别从一至六级进行详述。

第一级：疏离 - 单独 - 孤立

你看起来与其他人是疏离的，这可能是因为你选择扮演一个单独的角色，或者角色本身决定了这一点。这样可能导致你被他人孤立和排斥，因为他们可能会认为你是孤立的、有戒备心的。

第二级：自我关注 - 冷漠 - 不安全

在别人看来，你有时可能有点过于关注自我或过于冷漠，这很可能是因为你对自己缺乏信心，或者你通过明显的行为或态度表现出了不安全感。

第三级：社交－功能性－一般

你与他人协作，似乎只是为了满足活动或角色的功能性需求。尽管你的社交能力看起来还可以，但这可能表明你在与他人协作时缺乏自信，尤其是当你认为他们的能力比你自己的强得多时。

第四级：外向－分享者－队友

你是一个优秀的团队协作者。在你自己的职业和个人生活中，你都会自信地与他人分享信息。人们会很乐意寻求你的帮助，当他们可能需要一个参谋来发泄不满时，他们总是知道该去找谁。

第五级：营销者－支持者－沟通者

你运用强大的沟通技巧，在职业和个人生活方面倡导和促进协作。你利用人脉来提升自己的能力和知识水平。作为回报，当那些与你协作的人有需要时，你也会愉快地支持他们。

第六级：社交达人－协作者－促进者

你拥有广泛的商业、职场和个人人际关系网，你在利用人脉的知识和能力方面表现卓越。你根据他们对自己的需要，为每一个与你协作的人提供真正的支持、指导或建议，也让他们能够接触到在你的人脉中具有高度相关专业知识的其他人士。

在协作维度发展情商

高情商的人是天生的协作者，因为他们很清楚地知道，作为人类，我们在孤立无援时并不能表现得特别好。

如果我们想在这个世界上取得进步，协作就是关键所在。我们都需要与他人协作，我们需要有人在非凡的人生旅途中为我们提供支持，在我们犯错时为我们提供所需的意见反馈，在我们需要方向时为我们提供指导，在我们不能发挥自己的潜能时为我们提供学习机会。

我非常喜欢与他人协作，如果没有协作，如果没有那么多与我协作过的人的帮助，我在事业和个人生活中所取得的成功将不及现在的百分之一。

我特意写下这一章来表达我所描述的倒金字塔式的协作。

从图 15-1 中，我们可以看到在最大的区域和最广泛的意义上，我们有人际关系网；中间区域是团队工作；最小的部分是长期关系。

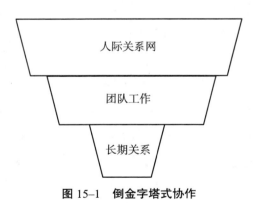

图 15-1　倒金字塔式协作

我们以这种方式定义协作，是因为虽然我们的人际关系网非常重要，但在团队工作层面，我们每天合作的人会比上面一层少一些，而那些我们长期保持联系的人就更少了。

在经历了相当动荡的 2006 年之后，我意识到需要对整个公司的业务进行合理化改革，当时我拥有一家干得不错的、专注于学习和发展的公司，名为阶段性教练。

出于各种原因，我们决定裁员，然后转移办公地点，从一个租金昂贵的大型改建建筑搬到了一个小一点的、专门建造的办公场所，这个场所是完全属于我们的。

销售人员的减少也意味着我们能够挖掘潜在线索并将这些线索转化为新商机的人员减少了。因此，我们就依赖当时的人际关系网来帮助我们。

我们联系了关系网中的所有人，询问他们是否可以把我们推荐给一些新客户，这样我们就有可能与他们合作开展新项目。

幸运的是，在短短几个月内我们就会见了一些潜在的新客户，因为那些人的推荐，他们也非常愿意与我们合作。

其中一位新朋友尼克在和我们做了一些工作后，就把我们看作他团队的一部分了。他邀请我参加他主持的一个人力资源会议，还建议说，那对我来说会是一个超级好的建立人脉的地方。

我把握住了这个机会，毫无疑问，这是我职业生涯中做过的最好的决定之一，因为我就是在那里遇到了塔里克，他那时在 Visa 全球信用卡公司的英国人力资源部门工作。

没过多久，塔里克就成了我的客户，后来又成了我亲密的朋友。我与塔里克共事了很多年，为位于伦敦的管理层和团队提供了一些 Visa 的培训、学习和发展服务，也去过更远的地方开展国际项目。

随着塔里克职业生涯的升级，我的业务发展机会也增加了。他邀请我在众多的场合、不同的公司与他合作，同时他也一直乐于分享自己的人脉、知识和高明的指导。

塔里克是我见过的情商最高的人之一，同时他还是一个了不起的社交达人。多年来，他介绍我认识了许多出色且有影响力的人，其中一些人成了我的合作伙伴、客户、商务联络人，还有一些人成了我们长期的、共同的朋友。

练习

在你现有的人际关系网中找出一个人，你可以和他合作一个新项目，一个独特的商业机会，甚至只是免费帮助他。

想一想你目前能为这次协作带来哪些特殊的技能、知识或能力。

首先考虑一下推进这次协作对你和他都有什么好处，要确保这不仅仅是对你有利的。

现在，拿起你的手机（仅在必要时发送电子邮件），开始讨论你们可以如何让彼此受益吧。讨论结果很可能会让你感到惊喜。

人际关系网

在网络世界中，我们前所未有地有了那么多机会与更多的人建立联系。来自世界各地的人们持续不断地进行信息交流真的令人难以置信。

我们有些人会加入各种各样的网络社交小组，如 Facebook 或 LinkedIn，在那里我们轻松地与世界上的其他人分享我们的生活、知识、好奇心和观点。

与几年前相比，我们都在或多或少地与我们眼前的圈子之外的、更广泛的群体打交道。

对许多人来说，这个新世界充满乐趣、令人兴奋且收获颇丰；而对另外一些人来说，这个新世界可能令人生畏、充满挑战。不是每个人都喜欢交际。有些人更喜欢有几个亲密的、有意义的朋友，而不是有很多的泛泛之交。

无论个人做何选择，我们都处在一个关系必不可少的时代。人际关系帮助我们协作完成任务，增进知识，找到互惠互利的关系，帮助我们提升自我，改善职业生涯。

这些好处往往胜过我们可能持有的保留意见。不过，最大的问题是，我们要知道如何以及何时建立人际关系，尤其是在一个组织环境中。

如果我们已经有了自己的人际关系网，一个战略性方法可以为我们提供很好的起点和应变计划，它可能没有我们想象的那么有用，不过至少应该帮助我们涵盖以下问题：

- 为什么我要扩大自己的人际关系网？
- 我现有的或未来的人际关系网的共同利益是什么？
- 我个人可以为这个人际关系网贡献什么？
- 我将以谁为目标，如何优先处理？

当回答了其中一些问题之后，我们就需要明确建立潜在关系网的切入点，我们需要确定自己使用哪些途径才能最舒服地与他人互动。例如，有些人可能在社交聚会中与人交流时感到不自在，而另一些人会觉得这是最好且唯一的方式。

这样的切入点有很多，下面我只详细介绍了其中的几个：

- 在线社交论坛。网上有数千个小组，一些专门针对社区或兴趣爱好，一些范围则更广泛。
- 国家机构成员。例如研究所、联合会或管理机构；许多机构提供成员身份。
- 会议和商务聚会。半商务／社交环境是一个好的交际场合。
- 当地商会。结识志同道合的商界人士的绝佳场所。
- 当地商业团体。英国的许多郡都有不同的商业团体，一些只针对同性别人员，例如职场母亲和商界女性。
- 当地社会／体育团体。全球有数十万个这样的团体，范围涵盖体育、文学、艺术、科学和音乐欣赏。

当我们经过深思熟虑，终于加入一个团体后，我们就有必要以某种方式为之做出贡献。这并不是说我们必须开始告诉每个人自己的人生故事，或个人生活中正在发生什么事情，除非论坛是明确为这个目的开设的。

我的意思是，我们必须辨别或聆听，以消化其他人所说的、评论的、分享的或表达的观点。只有当我们觉得自己可以为谈话增加一些有价值的东西时，我们才应该发表一些评论或建议。

在这方面，网络世界不应该与现实世界相差太多。我们一定都遇到过这样的人，他们似乎一心想用自我宣扬的观点或意见来主导整个论坛或对话。虽然有些论坛就是出于这个目的，但就一般的社会交际而言，这是一种不适宜的行为方式。

唯一阻碍人们在关系网中做出贡献的原因是缺乏信心。如果你已经阅读了第 3 章的内容，就应该已经很好地理解了这一主题。

练习

想想你现有的人际关系网规模，考虑一下如何使用我们介绍过的技巧进一步将它扩大。

- 你的线上或线下方法需要做出什么改变？
- 你将做些什么来建立更多的联系？
- 你将如何做到这一点？
- 你将什么时候做？

团队工作

"为实现共同目标，与一群人共同努力，并成为其中不可或缺的一员"，我们可以从这一点来很好地开始讨论这个话题。

有效的团队工作就是有效地参与其中。我们需要依赖自己所有的情商来帮助我们找到正确的参与方式，确定人们可能在哪些地方陷入困境，在哪些地方需要额外的支持和指导。

我们还需要知道自己何时何地可以为他们实实在在地减轻负担。这通常要求我们在关注他人的同时，积极地完成自己的任务。

从零开始的团体协作是有挑战性的，然而我们做得越多，就会为团队其他成员树立更多的行为标准。不久之后，我们的努力就会得到百倍的回报。这就是团队工作的意义所在，能帮助团队中的每个人实现他们单个的和联合的目标。

在我的企业中，当我们与客户一起工作，无论是一对一指导某人，还是为整个团队人员提供业务咨询或完整的学习和发展经验时，我们实际上就成了他们团队的一部分。这二者没有什么区别，因为我们使用的语言、建立的关系以及我们的工作方式都是基于以我们为中心的联合方法论。

这种联合的方法鼓励分担职责，它能让每个人都做出超越自己那部分工作的贡献，因此，它也使得整个团队能取得远远超出任何个人能力的成功。

我们都曾在这样一种团队工作过，在这个团队中，人们孤立地工作，并且常常说"这不是我的职责"。在这类团队中，对事情没有按预期方式发展的任何指责，都往往落在一些可怜人身上。

团队工作就是对整个团队负责，成员们每天共同工作，确保成为同质性团体的一部分。一个相互依存和运用集体才能的团体，才会让其中的每个人都能取得比他们单独行动更大的成就。

练习

考虑一下团队工作的意义，以及它在你当前的工作和家庭生活中是如何进行的，然后回答以下问题：

- 谁负责开展团队工作？
- 是什么没有让团队工作达到最好的效果？
- 需要改变什么？
- 你打算什么时候做这件事？

长期关系

我记得有人说过，除了我们的直系亲属，一个人在任何时候可能拥有的非常亲密的朋友数量，用一只手都能数得过来。

所谓的亲密朋友，是指不管我们或他们当时身在何处，如果我们打电话说遇到了麻烦，朋友会立刻回道："我这就来。"

这可能有助于我们区分长期关系和亲密朋友（当然，这两者不一定是相互排斥的），也让我们思考什么是我们所说的长期关系。

认识一个人很长一段时间是一回事，学会彻底地了解作为一个独特个体的他，是完全不同的另一回事。

我们都需要一些长期的关系来充实我们的生活，这不仅仅包括我们所爱的人或那些与我们一起长大的密友。

我们认同那些最像我们的人，我们可以和他们一起丰富、滋养和支持彼此。

对我们大多数人来说，建立长期关系意味着和对方有很多共同点：有相同的幽默感、相同的使命感，甚至可能还有一套相似的信念、价值观和原则。

我们可能会发现，和自己联系最紧密的人，是那些回报我们的帮助和支持的人，或者是那些会挑战我们，让我们成为更好的自己的人。

毫无疑问，我们会发现列在自己长期关系名单上的人都是真诚的、可靠的、值得信赖的。

练习

回想一下那些可能在你的长期关系名单上的人，还有你的亲密朋友，看看他们是否有什么不同。思考以下问题：

- 为什么他们在你的名单上？说出具体原因。
- 你和他们多久联系一次（每天、每周、每月、每年、每隔几年）？原因是什么？
- 你为他们增加了什么价值？
- 你还能为他们做些什么？
- 在需要时，回顾你的名单并予以更新。

第 16 章

进阶课十四：创新和创造力

Discover Your Emotional
Intelligence

Improve your personal and professional impact

什么是创新和创造力维度

在这个维度上，创新与新概念的实施有关；创造力与我们第一时间构思新想法有关。

创新和创造力维度包括：

- 智谋；
- 主动性；
- 自发性。

你的维度反馈

使用你记录下来的 PEIP 测评中关于这个维度的平均分来查看相关反馈，以下我们分别从一至六级进行详述。

第一级：缺乏进取心 - 消极 - 对立

你似乎对创新和创造力持有非常消极或对立的态度，这可能因为你自己不是特别有进取心，或者不想主动提出新的或不同的想法。也可能是由于一种错误的自我认知，觉得自己不是一个有创造力或创新能力的人。

第二级：缺乏创造力 - 拖延者 - 怀疑者

你似乎对任何新想法或变化都持有怀疑态度，你更有可能怀疑或寻找事情失败的原因，而不是成功的原因。在寻找问题的解决方案或替代方法时，你最有可能拖延，而且你会毫无疑问地推迟任何有创造性的事情。

第三级：有限－实用－谨慎

当涉及寻找新资源时，你非常可靠。然而，当需要释放你可能拥有的任何隐藏的创造力时，你会表现得很谨慎；你倾向于找到解决问题的实用方法，并在任何创造性的过程中真诚地支持他人。

第四级：足智多谋－果断－积极

在采取新举措和新想法方面，你给人的印象是相当进步的，你通常有信心带头为新概念提供资源，并以一种果断和非常积极的方式轻松地推进这些新概念。

第五级：创造性－促成－影响者

你天生就很有进取心。你经常用自己的创造性才能去影响别人，让他们能够产生和发展自己的想法。除了允许和鼓励别人通过有用的头脑风暴为创意过程做出贡献之外，你还可以接受"一张白纸"的想法。

第六级：发起者－发明者－企业家精神

你似乎天生具有企业家精神。在为大量情境或问题开发新的创造性或创新性解决方案时，你通常是发起者。你喜欢发明新的方法、流程甚至产品来满足自己已经发现的、确定的实际需求。

在创新和创造力维度发展情商

我们并不需要拥有列奥纳多·达·芬奇（Leonardo da Vinci）那样的技能才能创新和创造；创新性和创造力早已在我们的自然能力范畴之内。我们是否选择接收和有效使用这种能力将取决于个人喜好、教育和我们可能接受过的培训。

我曾多次听到工作坊学员们说自己完全没有创造力，然后接着表述他们如何想象自己可以完成一项特殊的任务。

想象是我们头脑中促进所有新的可能性和创造性想法的那部分。我们在本书前面已经发现，对于大多数习惯使用右手的人来说，想象最有可能与大脑右侧的脑叶有关。

我们知道，想象最初是一种认知（有意识的）过程，我们将其作为日常心理功能的一部分。想象通常与所谓的心理意象有关，因为它涉及对可能性的思考，这反过来又要求我们回忆那些可能之前通过感知觉在头脑中留有印象的事情。

想象不仅仅是一个认知心理过程，因为要获得任何感知，除了对时间、地点、物体和人的感觉之外，我们还必须将认知思维过程与潜意识联系起来。

因此，我们可以将想象描述为"全脑思考"的一种形式，我们要使用一组不同于分析推理的神经刺激，但仍可能使用相同的神经通路，来确定潜在的替代解决方案。

我们是用分析性的方法还是创造性的方法来解决问题，并不取决于我们做什么，而是取决于我们怎么做，这只是一个个人选择的问题。

练习

想象一下，你正要去见朋友，打算和他共进午餐，而他住在城市的另一端。在你所行驶的单行道尽头发生了一场事故，所有车辆不得不停下来，很可能几个小时都不能动弹。

道路左侧有几个空的停车位，离你现在的位置很近。但是，你被前面的车挡住了，并不能驶入一个合适的位置。

你会做些什么来确保自己仍然能与这位朋友共进午餐呢？

如果你设想了在该场景中会做些什么，那就足以说明你可以发挥自己的想象力。如果你还找到了至少一种解决方案，就表明你运用了创造力和分析能力来解决问题。

智谋

智谋指的是我们找到不同方法来克服困难或解决问题的能力。

我经常想起 20 世纪 80 年代的美国电视剧《天龙特攻队》（*The A-Team*），它讲述了一个虚构的美国陆军特种部队的前成员们从军事监狱逃脱的故事，这些人因为"一个没有犯过的罪行"被关押在监狱里。

在逃离军事司法系统的过程中，这些人成了雇佣兵。他们运用自己所有的军事训练技能和智谋为委托人解决了无数问题。

他们用废料制造武器，用附近的零碎物品改装车辆，并用沿途偶然发现的东西制作了许多工具和设备，他们用疯狂且幽默的方式做这些事情，这是故事情节的重要组成部分。

在现实世界中，我们可能不认为自己拥有这些虚构的电视英雄所具有的智谋或巧思。不过，如果在合适的情境中使用一定程度的创造性技巧或判断，这也并不是完全超出我们能力范围的事。

我们在特定情境下的机智程度取决于我们的舒适程度；如果对现状感到舒适，我们就不太可能去创新。只有当我们的舒适水平被降低、拉扯、挑战或推挤时，我们才会去寻求替代方案。

我们的智谋还取决于我们如何看待问题或困难。如果我们更倾向于消极的观点，觉得自己不能做或不会做，我们就更有可能采取失败主义的态度，然后就不会变得足智多谋。

反过来，假设我们持有积极的态度，认为自己能做、会做，我们就会激活正确的化学信号，我们的大脑就会开始寻找新的可能性，而不是接受当前困境的限制。

练习

想象以下场景：

- 在办公楼三楼的一间隔音会议室里，你独自坐在一把布艺的、有金属框架的椅子上。
- 会议室中央还摆放着另外三把类似风格的椅子。
- 房间一侧有一扇窗户，里面有办公室风格的安全栏杆，窗户没有打开。
- 你前面有一扇门，因为走廊里的风，门从外面关上了。
- 在窗户对面的一张小木桌上，放着一叠纸、一支笔和一壶水，旁边放着四个玻璃杯。

- 你的手机在走廊另一端的另一间办公室里。
- 除了标准的办公楼电气设备和你所穿的衣服，房间内没有其他任何东西。
- 现在是周五晚上，其他员工已经离开办公室去过周末了。

运用你所有的智谋，考虑一下如何离开吧。

主动性

发挥主动性是指在别人行动之前，运用自己的能力去评估、发起和执行事情。当我们遇到阻止我们以预定的方式完成任务的情况，或当我们不是因为自己的过错而陷入阻碍事情实际进展的僵局时，我们也有可能发挥主动性。

无论在什么情况下，我们都依赖自己的主动性来渡过难关，这通常意味着我们需要在任何特定时间考虑向我们开放的所有选择。

有一个广泛使用的技巧叫作头脑风暴，它鼓励团队成员从多个不同的角度和观点来考虑问题。在进行头脑风暴时，人们在特定的时间专注于一个问题，每个人都发表观点和意见，并且对人们的想法不进行任何形式的批评。

当我们每个人都想发挥主动性时就可以进行头脑风暴。但是，我们可能会一次性引入太多元素，把场景过度复杂化。因此，第一件事就是一次选择一个方面去进行。

消除对头脑中想法的任何自我批评，关注可能性而不是争议或问题，这有助于我们尊重自己的想法。

当我们像尊重他人的想法那样，以同样积极的方式欣赏自己的想法时，我们就会大大促进大脑中更健康、更强大的神经通路的发展，同时往往会取代那些较弱的、不太健康的神经通路。

接下来的内在步骤是，不要陷入任何形式的自我贬低之中。自我贬低会导致我们没有信心来采取适当的行动以开始想要带来的改变。

然后，将我们的主动性集中在此时此地可以改进的地方上。我们不需要浪费时间做无用功，不要干重新发明车轮这类事，尽管我相信很多人都曾经尝试过。这是个简单的事实，车轮已经满足当前的需求，任何对其设计的更改都会使这个需求无法得到充分满足。

下一步也很简单，就是集中精力，对我们正在考虑的任何情形做出积极的改变。

当我们发挥主动性时，不能单纯地分析或单纯地创造；这两个方面必须协调配合。我们用分析过程来评估状况，然后用创造性过程来寻找替代想法或解决方案。

引入一个简单的结构来支持我们发挥主动性，这样分析过程就开始了。然后，一次专注于一个元素，思考各种可能性，不要对自己的想法提出任何批评。这样可以让更激进的、古怪的或彻底疯狂的想法浮出水面，这其中的任何一个想法都可能最终引导出一个解决方案。

当然，多用脑会熟能生巧；我们越多地运用想象力来寻找解决问题的新方法，以后就会越容易启用大脑的那一部分。

有很多技巧可以用来帮助你更好地发挥主动性。几乎所有这些技巧都会使用类似的分析性 / 创造性组合方法。如果你正在苦苦地挣扎，可以上网搜索一些创造性或创新性工具，你可能会有所收获。

练习

考虑使用头脑风暴的方法来开始你生活中的一个特别的改变：

1. 需要改变什么？仅仅选择一个元素，然后把它变成一个问题。例如，"我们怎样改进 × ？"

2. 头脑风暴一下这个问题。

3. 在特定时间内，比如五分钟内，给出尽可能多的想法。

4. 不要批评你可能想到的任何主意，不管这些想法一开始看起来多么疯狂，都把它们写下来。

5. 专注于每个想法，头脑风暴围绕这个想法的新概念可能如何起作用。

6. 继续下一个想法，然后重复第 5 步。

7. 当你头脑风暴了每一个想法，并将其纳入了你的答案时，才能回到第 1 步。

自发性

我很确定我们都遇到过一些自发性超级强的人，他们活着似乎就是为了尽兴。他们一旦有了一个想法就开始行动，他们会冲动地走上一条全新的道路，而不是遵循任何事先确定的路线或规则。

我们可能会想起电视上那些滑稽的即兴游戏节目，观众会给出各种各样的主题，明星选手们必须从一个不可能的、完全不相关的主题中自然地创造一个角色、一个故事、一首歌或表演一个场景，他们通常会把一些我们非常熟悉的东西变得特别好笑和荒谬。

我们肯定都听说过一些企业家，他们似乎只是自发地遵循了一些独特的想法来解决日常问题，然后就开始了不同的商业冒险。

对我们当中的许多人来说，这种冲动，甚至不顾一切的态度可能听起来有点过于鲁莽，过于可怕，让我们无法深思。虽然我们也可能会偷偷地梦想着让自己变得更有自发性，精神上更自由和冲动，但我们总是把自己控制在流程和程序的现实之中。

那么，最有可能发生的是什么？我们怎样才能变得更有自发性？

答案就是接受。我们接受此时此地的所有而不发出挑战，因为我们相信我们对自己的接受程度感到舒适。

我们接受其他人会带头寻找新的做事方式，我们接受自己不太可能让事情发生重大改变。

我们接受并准备好遵循当前的规则、流程和程序，并不质疑它们当前的有效性。

有趣的是，接受也是在任何情况下可以用来促成改变的手段。以即兴电视节目的选手为例，在改编观众给出的主题之前，他们必须先接受它，而这需要一个积极的心理框架。

即兴创作就是接受。在精神上告诉自己"是的，然后"呢，这种方法会使我们的创造性思维（神经递质）流向寻找可能性解决方案的方向。如果用"不，但是"或"是，但是"的想法来否认这件事，神经过程就会仅限于认知推理，不会使大脑继续寻找创造性的替代方法。

大多数舞台和银幕表演者学到的第一件事就是接受，继而期待意外。这种思维使表演者能够更有效地应对演出中可能发生的任何意外事件，帮助他们将意外事件优雅地融入自己的表演之中。

不过，就像许多电视花絮显示的那样，一些表演者并不具备这种技巧。当我们看到舞台上很好的现场即兴表演时，几乎不可能发现表演者失误或意外事件，因为那似乎是表演中有意为之的一部分，只会为我们增加乐趣。

练习

确定一个你可能想变得更加有自发性的情境，进行一个"是的，然后"的心理对话来接受这个情境。

8. 注意你的直觉，并做出相应的反应。

9. 只识别积极的、可能的和有潜力的方面。

10. 善待自己，允许错误发生，不要自我批评。

11. 开始吧，玩得开心！

后记

回到我们是"谁"

展望

现在，我们转了一圈又回到了起点，我们需要重新审视作为个体的我们到底是"谁"。为了确保我们对未来有正确的偏好，我们必须清楚今天的自己是谁，也就是我们的身份。

我们的身份是个人品牌的核心组成部分，反之亦然。我们要记住，身份代表我们是谁，但不代表我们是什么。

正是在那些有影响力的时期，我们知道了自己的个人品牌完全符合自己的核心价值观和信念，因为它已经成了我们身份的真实反映。

毫无疑问，我们需要情商来指导我们，让我们知道什么时候的行为是支持自己的信念的，什么时候是不支持的；情商还能帮助我们根据自己的核心价值观来管理行为。

如果想经得起时间的考验，我们的身份就必须对自己和其他人的影响更加深刻、更加有意义。

为了确定这一点，我们需要首先考虑自己对他人的影响。我们可以将它与自己的信念和价值观联系起来，然后再回过头来确定这些信念和价值观是如何塑造我们自己的行为和我们与他人之间的互动的。

开始做这件事的一个简单方法就是思考我们目前接触的形形色色的人，想想他们是如何看待我们的：

- 你自己；
- 非常了解我们的家人和很亲密的朋友；
- 很了解我们的好朋友和同事；
- 不是很了解我们的熟人和同事；
- 完全不认识我们的人。

练习

这 5 组中的每一个人可能会用什么词语来形容我们？

拿一张大纸，越大越好，用文氏图[①]的形式画出五个有交集的圆圈，然后写出上述 5 组人用来形容你的正面词语。

可以多次写入词语，因为每组之间会有一些重叠。

简单一些，尽可能使用单个词语，然后利用这个模型来找到形

---

① 是一种用来表示集合的逻辑图，由 19 世纪英国数学家约翰·维恩（John Venn）发明。
——译者注

容"你是谁"的处于中间（最核心）的几个词语。

这些词语定义了当下的你；如果它们是被真诚地给出的，它们就是你的身份、你的信念和你的价值观的准确描绘。

* *

总结

提高我们的情商不会只是单一的、一次性的投入；我们需要不断努力、反复练习、定期跟进，以衡量自己的进步情况，并发展相对较弱的部分。

PEIP 测评会帮助你做到这一点。我强烈建议你定期回顾自己的分数，重新进行评估，看看自己进步了多少，然后将学习重点放在那些依旧会阻碍你前进的特定因素上。

我真诚地希望这场情商探索之旅能激发你与自己建立更好的关系，也能有机会引导你与生活中的每一个人建立更有益的关系。

我记得在我年轻的时候，当别人问我长大后想做什么时，我总是只回答"变老！"不过，我说的时候，从来没想要让别人认为这只是一个自作聪明的回答。

我只是想找到一种方法告诉他们，在人生的旅途中我会永远是一个"半成品"；或许，我从来都不会想拥有一个最终成熟版本的自己。

几十年过去了，我仍然没有改变自己的想法。一想到自己要变成一个无聊的老头儿，我就感到害怕。我喜欢对世界怀有孩子般的好奇心，我会一直寻求新的方法来改善我与世界互动和交流的方式。

有时候，我会惨遭失败，毕竟我只是一个普通人。也有时候，我超越了自己平庸的资质，做出了一些有影响力的和鼓舞人心的事情，在我可以真正有所作为的地方取得了一些成就。

一个人能带给世界的最重要的礼物就是他的意识。我希望我已经唤醒了你的意识，也希望你能够激励自己和他人去实现一些重要的事情。

如果你觉得这本书有用，我很乐意听听你的想法。请随时联系我（phil@philipholder.co.uk），告诉我这本书是如何帮到你的。

北京阅想时代文化发展有限责任公司为中国人民大学出版社有限公司下属的商业新知事业部，致力于经管类优秀出版物（外版书为主）的策划及出版，主要涉及经济管理、金融、投资理财、心理学、成功励志、生活等出版领域，下设"阅想·商业""阅想·财富""阅想·新知""阅想·心理""阅想·生活"以及"阅想·人文"等多条产品线，致力于为国内商业人士提供涵盖先进、前沿的管理理念和思想的专业类图书和趋势类图书，同时也为满足商业人士的内心诉求，打造一系列提倡心理和生活健康的心理学图书和生活管理类图书。

《底气：可持续的内在成长》

- 本书揭秘一流运动员、奥运会冠军、世界级商业领袖的内在思想，揭示了人们获得成功的关键动力和精神过程。
- 无论你是否是一个白手起家者、团队合作者或者公司领导者，你都可以应用这些已经验证的思维技巧到任何领域。

《坚毅力：打造自驱型奋斗的内核》

- 逆商理论创始人保罗·G. 史托兹博士又一力作，作者在本书中提出的是"坚毅力 2.0"的概念——最佳的坚毅力，它是坚毅力数量和质量的融合，即最佳的坚毅力是好的、强大的和聪明的坚毅力合体。
- 这是一本理论＋步骤＋工具＋模型＋真实案例分析的获得最佳坚毅力的实操书。
- "长江学者"特聘教授、北京大学心理与认知科学学院博士生导师谢晓非教授作序推荐。

《可复制的高手思维：成事、成长的结果达成力》

- 本书从个人成长周期模型的视角，借助结果力达成模型，帮助年轻人认清自我，躲避职场常见的"坑"。
- 帮助我们认清个人职业发展阶段和个人特质，在职场实现更顺应规律的成长。

《逆商：我们该如何应对坏事件》

- 北大徐凯文博士作序推荐，樊登老师倾情解读，武志红等多位心理学大咖在其论著中屡屡提及。逆商理论纳入哈佛商学院、麻省理工 MBA 课程。
- 众多世界 500 强企业关注员工"耐挫力"培养，本书成为提升员工抗压内训首选。